知识就是力量

我们被偷走的注意力

[荷]斯特凡·范德斯蒂格谢尔 著
王绍祥 林臻 译

Copyright © 2016 by Maven Publishing, Amsterdam, The Netherlands
First published in The Netherlands under the title Zo werkt aandacht: Opvallen, kijken en zoeken in een wereld vol afleiding
Text copyright © 2016 by Stefan van der Stigchel
All rights reserved.
No part of this book may be reproduced, transmitted, broadcast or stored in an information retrieval system in any form or by any means, graphic, electronic or mechanical, including photocopying, taping and recording, without prior written permission from the publisher.

湖北省版权局著作权合同登记 图字：17-2021-111 号

图书在版编目（CIP）数据

我们被偷走的注意力 /（荷）斯特凡·范德斯蒂格谢尔著；王绍祥，林臻译 . —武汉：华中科技大学出版社，2021.10
ISBN 978-7-5680-7419-3

Ⅰ . ①我… Ⅱ . ①斯… ②王… ③林… Ⅲ . ①注意－能力培养－通俗读物 Ⅳ . ① B842.3-49

中国版本图书馆 CIP 数据核字（2021）第 147926 号

我们被偷走的注意力
Women bei Touzou de Zhuyili

［荷］斯特凡·范德斯蒂格谢尔 著
王绍祥 林臻 译

策划编辑：杨玉斌　曾　菡	
责任编辑：杨玉斌　张瑞芳	装帧设计：陈　露
责任校对：张会军	责任监印：朱　玢

出版发行：华中科技大学出版社（中国·武汉）　　电话：（027）81321913
　　　　　武汉市东湖新技术开发区华工科技园　　　邮编：430223

录　　排：华中科技大学惠友文印中心
印　　刷：湖北金港彩印有限公司
开　　本：880 mm×1230 mm　1/32
印　　张：6.5
字　　数：134 千字
版　　次：2021 年 10 月第 1 版第 1 次印刷
定　　价：48.00 元

本书若有印装质量问题，请向出版社营销中心调换
全国免费服务热线：400-6679-118　　竭诚为您服务
版权所有　侵权必究

人人皆知注意力为何物。那是大脑在多种可能的对象或一系列思绪同时出现时，以既清晰又逼真的形式，全神贯注于其中一种的状态。意识的聚焦与专注是其本质之所在。它意味着我们要从某些事务中抽身而出，以便更有效地处理其他事务。与这种状态形成明显对比的是困惑、茫然和分心。

——威廉·詹姆斯（William James）

前言

1995年,美国波士顿发生一起枪击事件之后,时年27岁的肯尼·康利(Kenny Conley)警官开始对嫌犯展开追捕。一同参与追捕的还有其他警官。警官们看到有一个人正在爬围栏,立即对其实施了抓捕。抓捕过程中,警察用力过猛,导致该男子肾脏受损、脑部严重受伤。但是,更严重的问题是:遭到逮捕的男子并非嫌犯,而是同样参与追捕嫌犯的便衣警察。那么,警方是否存在滥用暴力呢?在接下来的调查中,肯尼·康利作为证人被传唤到案。"嫌犯"遭到逮捕时他正好赶到现场,想必他一定看到了参与抓捕的具体都有哪几位警官。但是,康利坚称他并未看到打斗过程,因为他一门心思只放在了抓捕逃犯上。对他的证词,陪审团并不予以采信。相反,陪审团坚信,康利如此作证一定是存心包庇同事。康利被控犯有伪证罪及妨碍司法公正罪,两罪并罚,处入狱34个月。康利不服判决,提起上诉,随后被解除羁押，等候上诉结果。经过 7 年漫长的上诉之路后，康利最终被无罪释放并获赔 60 万美元。

研究者们决定接受挑战，重现最初导致康利蒙冤入狱的事件经过。受试者们应邀沿人行道追捕嫌犯，同时计算在追捕过程中嫌犯用手触碰头部的次数。上报这一信息之后，研究者们问受试者们：在追捕嫌犯的过程中，是否注意到离人行道 8 米开外的地方有人打架？大多数受试者都没有看见有人打架，这和肯尼·康利的回答如出一辙。

如果你进一步挖掘"视知觉"（visual perception）这一问题，你很快就会发现，我们身边的视觉世界能给我们真正留下印象的并不多。我们自以为看到的是一个细致入微的、一成不变的世界，殊不知这仅仅是我们的大脑在处理视觉信息时留给我们的错觉而已。这对于我们——尤其是对于注意力架构师（attention architect）——如何将信息呈现给他人产生了重要的影响。

职责在于引导他人注意力的每个人，如网站设计师、教师、交通工程师,当然也少不了广告人,都可以被冠以"注意力架构师"这一头衔。这些人深知:单纯呈现视觉信息是远远不够的。注意力架构师要有能力引导我们的注意力,以达到传递信息的目的。这就意味着他们必须为争夺注意力而展开"厮杀":网站设计师使用了各种各样的手段来吸引访问者的注意力,魔术师靠分散观众的注意力来使他们信以为真,导演通过操纵观影者的注意力来让电影达到栩栩如生的目的。任何一个可以影响我们注意力的人都有能力将信息传递给我们。反之,他们也有能力完全屏蔽信息,不让我们接收到相应的信息。

读完本书之后,我希望读者们对于发生在我们周围的、此起彼伏的注意力之争有所了解。本书论及的注意力架构师为工作而殚精竭虑,总是想方设法地创新,目的就在于吸引我们的注意力:他们在人如潮涌的闹市街头立起了大屏幕,滚动播放视频;在网站上亮起了闪闪发光的横幅广告;或者开发出了带有闪烁图标的电脑程序等。注意力架构师这么做,有时是为了我们好,有时也是为了自己好,比如伺机向我们兜售某种产品。我们对于自己的注意力有一定的控制力,所以我们会想方设法忽略这些信息,不让自己分心。但是,我们并非总能如愿以偿,收获成功。我们往往饱受注意力系统的奴役,在本该全神贯注之时偏偏因为受到干扰而分神了,因此,我们必须弄懂注意力法则。

目录

第一章　路障？什么路障？多彩视觉世界里的错觉　　/001

第二章　为什么我认为消防车不应漆成红色：物体变得醒目的奥秘是什么？　　/023

第三章　注意力之选：为什么我们在思考时喜欢注视白墙？　　/045

第四章　帐篷究竟在哪儿：这个难题怎么破？　　/069

第五章　通往视觉世界的门户：眼睛是如何出卖思想的？　　/093

第六章　你的过往对你当前注意力的影响：你只会看见你想看见的东西　　/117

第七章　如果大脑受到了损伤，那注意力将会如何？　　/141

致谢　　/163

注释　　/167

第一章

路障？什么路障？多彩视觉世界里的错觉

对于荷兰人而言，2014年7月21日确实是一个值得庆祝的好日子。当日，荷兰事故最多发路段之一的科恩隧道（Coen Tunnel）在经过大整修之后重新向公众开放。改建科恩隧道的初衷在于改善该路段的交通状况，使车流更加顺畅，而其中一大改进措施就是开辟了一条新隧道。新隧道开合自如，可根据车流量大小自行调节。新隧道暂停使用时，取而代之的是一个醒目的高亮路障。为了防止机动车驾驶员不慎撞上路障，隧道一旦关闭，道路上方就会显示一串"红叉"禁行标志，提醒驾驶员隧道已处于关闭状态。禁行标志大老远就能看到。如果你开车去过科恩隧道，你一定会觉得匪夷所思：为什么就有人看不到这个路障呢？

隧道重新开放还不到一年，一名63岁的摩托车驾驶员因为没有注意到新隧道已经关闭，一头撞向了路障，身受重伤。自整修工作完成以来,这已经是第 20 起类似事故了。为了提升警示效果,当局增设了额外的警示标志:车载指示箭头灯闪个不停,地面也摆放了钢制交通锥。此外,路障本身也加装了闪闪发光的 LED(发光二极管)灯。经过特殊处理之后,路障看起来大了许多。但这一切均于事无补,仍有驾驶员高速撞向路障,甚至在撞上的那一瞬间还在一个劲儿地踩油门。

当然,有一种解释是:驾驶员在本该注意警示标志的紧要关头,偏偏受到了广播或手机的干扰。但是,并非每一起事故都是如此。毕竟,驾驶员从大老远就可以看到路障,而且行车时驾驶员也会格外关注路况。就算是那些遭遇不幸的驾驶员,出事的瞬间他们也可能根本不是忙于查看手机或收听广播。那么,到底是什么原因导致事故仍旧不断发生呢?

漫步森林,绿树环绕,绿意盎然,赏心悦目。我们把眼睛睁得大大的,任凭视觉环境施展魔法。眼睛是打开世界的窗户。

我们所要做的只是睁大眼睛看着便是了。一切都那么自然。我们看到树上有一只松鼠,我们追寻着马匹的足迹,这一切都是本能反应。我们以为自己看到了整个世界:平静如水且多姿多彩的世界,远胜于一切虚拟环境的世界。

然而,实际上,我们从周遭世界吸收到的信息比我们想象的要少。比如,电影里的穿帮镜头比比皆是,但观众一般注意不到这些。前一个场景里,衣架上还挂着夹克,到了下一个场景,夹克却不翼而飞了,但很少有人会去注意这个细节。《星球大战》(*Star Wars*)系列影片堪称影坛传奇,但其中穿帮镜头之多,可谓众所周知。道具一会儿摆在这里,一会儿又飞到了那里;原本草木葱茏的背景突然变成了寸草不生的沙漠。你原本是注意不到这些穿帮镜头的,但是如果有人不厌其烦、一五一十地给你指出这些问题,你就会发现,从此以往,你要想不发现这些错误可就难了。当然,电影导演已经尽心尽力,尽可能减少穿帮镜头了。但是,既然无论是导演,还是电影剪辑师都得劳心费神才能找到错误所在,这也恰恰说明了普通观众只要稍不留神,就会注意不到这些穿帮镜头的存在。

曾经名噪一时的"大猩猩视频"现在几乎人尽皆知,所以,现在哪怕是给大学一年级的新生上心理学课,我都不敢轻易使用这个视频。如果你对这个视频已经没有什么特别的印象了,我们不妨一起来温习一下:有两组学生正在练习接传篮球。观看者的任务是数一数穿白色T恤的小组传了几次球。在某个时间节点,一只大猩猩走进了画面,猛拍自己的胸脯,然后溜之大吉。

第一次看这个视频的人大多没有注意到大猩猩的存在。最近我决定让学生们再做一次这个练习。学生们觉得我要播放的一定又是那个老掉牙的视频,所以他们把注意力都放在了大猩猩身上。他们铆足了劲儿想给只会炒冷饭的教授一点颜色瞧瞧:看你还敢不敢老拿老掉牙的把戏忽悠人。

但是,学生们万万没有想到,我给他们看的是该视频的最新版本。在这个视频里,小组成员在接传篮球的时候,背景幕布的颜色悄然发生着变化,还有一名学生打着打着溜出了画面。新版视频的效果比原版还要好。几乎没有一个学生注意到这两大变化,主要原因是他们一门心思地等着大猩猩的出现,结果再度上当受骗了。

我们无法记录我们在视觉世界里看到的一切,因此经常有人大放厥词,说人类的视觉系统是低效的、有缺陷的。毕竟,那么大的一只大猩猩出现在屏幕上学生们居然都看不到!看来人类的视觉系统似乎确实很低效。

但是,我并不赞成这种假说。我们偶尔确实会对视觉世界中出现的重大变化视而不见,但这究竟算多大一回事呢?我们的大脑假定我们周边的世界是稳定的、一成不变的。通常情况下,事实也确实是如此。窗帘通常不会变色,物体往往不会瞬移。哪怕它们确实移动了,而你确实也没有注意到,这也构不成什么大问题。关键在于汇聚与自己有关的信息,这才是你真正需要聚焦的。于你而言,毫无价值的东西完全可以忽略不计。但凡一星半点的视觉信息都要不遗余力地加以处理的系统难免过于臃肿、低效。但凡可获得的所有信息均去处理也根本没有必要。是的,你的确没有看到大猩猩,但是你的任务在于计算传球的次数而不是寻找大猩猩。你已经成功履行了自己的职责。

节能型系统在事物的进化过程中享有优势。高效系统可将未使用的能量转给其他系统,我们的视觉系统恰恰也是如此。我们的视网膜会从我们身边的每种事物上捕获光线,但只会处理与我们有关的信息。大猩猩的影像落到了你的视网膜上,但你忽略了这一信息,因为它与你的需求并不相关。这是好事啊!试想一下,你行走在一个超市里,如果你要处理你看到的所有信息的话,你该怎么办呢?那你就需要了解每种产品的品牌与价格,那得消耗你多少能量啊!

把眼睛闭上一会儿,用视觉化的方式回想一下你阅读本书的场所。对于你周边的这个空间你究竟能够提供多少细节信息呢?或许你对这个空间再熟悉不过了,你可以从记忆中回想起许多细节。但是,如果你身处一个不是那么熟悉的环境之中,那么你可以回想起的细节就要少得多了。于是你就得出了一个合情合理的结论:外部世界的内部表征是非常有限的。视觉系统有一个独一无二的特点,那就是可以持续不断地触及视觉世界。正是因为有这样一个特点,所以它会非常有选择性地呈现信息。在任何一个时间点我们可获得的所有视觉信息都是百分百可以触及的。我们只需睁大眼睛,信息便会如洪水一般向我们涌来。这就意味着我们可以把这个视觉世界当作是一个外接硬盘。我们不需要把与外部世界相关的每个细节都存储在我们的内部世界中，因为所有的视觉信息都会存在于外界，可以持续不断地为我们所用。

为了和这个外部视觉世界有效互动，我们需要关注的重点是，在任何一个给定的时间点相关信息所处的位置与我们所处的位置之间是什么关系。比如，如果你想知道坐在你身边的那个人身上穿的T恤是什么颜色的，你所需要知道的只是这个人与你相对的位置如何而已。然后，你把目光投向那个点，马上就可以看到那个人穿的T恤的颜色了。你没有必要把你眼前看到的整个视觉场景中的每个细节都存储在你的内部记忆之中。

想象一下下面的场景：你和朋友行走在闹市街头，你们要去街尾的那间咖啡屋。到处都是人，四周都是不断闪烁的霓虹灯。彼时，你的视觉世界中只有某些层面的东西，远处的咖啡屋以及身边行走的朋友，与你有关。你在移动之中，所以所有的信息也在移动之中。你用自己的双眼读取着身边的视觉世界，只记下了与你相关的信息所在的位置。此时，或许也有一只大猩猩沿街走着，或许每个人都套上了一件不同的T恤，但你通通都注意不到。不过，如果此时咖啡屋突然消失了，或者你的朋友跑开了，或者大猩猩开始大喊大叫，你马上就会注意到，因为这些信息与你息息相关。你完全可以无视与你无关的其他任何信息。

正是因为我们视觉系统的这一特点，所以这个多彩视觉世界又给我们带来了一种错觉。你不知道自己错过了什么。但是，既然不知道，错过又从何谈起呢？你和朋友沿街行走的时候，如果有人告诉你所有的服装店突然都变成了鞋店，你一般不会相信他所说的话（就像我的那些学生一样，他们一开始根本不相信我还会用大猩猩的视频再次成功地糊弄他们）。但是，在大多数情况下，并没有人会专门给我们指出此类变化或者我们所错过的那些事情。我们只有在撞上电灯柱或是撞上路障时才会恍然大悟：原来我们对周边的世界知之甚少。

在维持多彩视觉世界的幻象时还有一个更为重要的因素，那就是我们监控这个世界的方式。试想一下冰箱里的那盏灯：每次只要我们一打开冰箱门，那盏灯就始终亮着，但我们永远都无法百分百地肯定在我们关上冰箱门之后，那盏灯是否会熄灭。你只能打开冰箱门去确认，但是你只要一打开冰箱门，灯一定是亮着的。视觉世界的运作机制大抵也是如此。如果你想确认一下感知的丰富性，你可以全神贯注于某个物体，并全面加以体验。但是你这么做的同时，你周围的一切也在发生着彻彻底底的变化，而你却浑然不觉！而且，当你的专注点转向下一个点或物体的时候，你又有了另一种具体而丰富的体验。漫步于森林之中，我们会因为感知的丰富性而大为感慨，但是，我们永远都无法全面体验我们在每个给定的时间点看到的每棵树。

在咖啡屋那个例子中，你心里或许会想：大猩猩镇定自若地沿街而行，我怎么可能注意不到？我们或许有一个高效的视觉系统，但是，从进化的意义上来说，如果我们能注意到大猩猩，或许也是大有裨益的。大街上突然来了一只大猩猩自然是一种危险的信号，刹那间，你要去咖啡屋这件事就显得无足轻重了。同样的道理，如果你看到一辆车向你猛冲过来，你要去咖啡屋这件

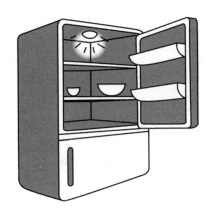

事也会显得无足轻重了。我们在下面的章节中将看到在各种各样的环境中,其实你会自然而然地接收各种视觉信息。这些信息与你目前正忙于处理的事务可能并不相干,但是它们与你规避风险的能力息息相关。幸运的是,视觉系统设计的方式就是允许此类信息"打断"你此时对具体任务相关信息的关注。但是,只要大猩猩不大声尖叫或挥舞双臂,你在街上行走时可能并不会注意到它也在街上行走。那个曾经名噪一时的视频所揭示的其实也是这个道理。

当然,有所例外的是在某个特殊的时间点,我们总是难以回想起某个视觉场景中的细节。以斯蒂芬·威尔特希尔(Stephen Wiltshire)为例。哪怕只乘坐直升机鸟瞰一座城市一次,他也能够画出细节纤毫毕现的城市景观图。人称"人肉照相机"的斯蒂芬其实在医学上被称为"低能特才",言下之意是他在某个领域里有卓越超群的认知能力。一般说来,低能特才要么患有自闭症，要么患有智力障碍，但是他们仍然有能力把某件事情做得出类拔萃。比如，斯蒂芬直到九岁才会说话，但是七岁的时候他就可以画出极其精致的建筑简图。其精细程度令人瞠目结舌、叹为观止，因此他似乎也牺牲了其他技能，比如语言。像斯蒂芬这样的人的大脑里究竟在想什么，至今我们还不得而知。著名科学家坦普尔·葛兰汀（Temple Grandin）也是一名自闭症患者。她相信许多自闭症患者是以影像而非文字方式进行思考的。这就是为什么斯蒂芬·威尔特希尔会有超强的视觉能力。

尽管我们的感知很有选择性，但是我们每天还是会受到铺天盖地的视觉信息的狂轰滥炸。我们所到之处，放眼望去皆屏幕：火车时刻表、特别优惠、最新体育赛事成绩等。手机有屏幕，电脑也有屏幕。谈及信息传递，视觉系统显然是我们至关重要的感官工具。道路施工也少不了广而告之，而我们通常靠的就是视觉信息。如果你希望通过听觉途径来传递"此路不通"的信息，你就需要用到语言。其实这种情况极为罕见，因为现在汽车的防噪功能都十分强大。而且，相对于通过视觉加符号的方式传递信息，通过口头方式传递同样的信息显然耗时更加漫长，这是因为视觉系统可以在一眨眼的工夫就处理好信息。如果你给人看一张非常讲究细节的照片，哪怕只看一两秒时间，后续他们也很可能会以相当精确的方式向你描绘相关画面。

玛丽·波特（Mary Potter）在20世纪70年代做过一系列实验，这些实验淋漓尽致地展现了人类快速处理信息的能力。波特尤其感兴趣的是人类处理单一场景中的信息的速度。首先，受试者会拿到一张描绘某一场景（比如，"街上的车流"）的书面材料，然后需要在一系列快速呈现的图像中找出相符的场景。研究者告诉受试者，一旦找到和书面材料描述相符的场景就马上按键。研究者并没有提供关于该场景的视觉信息：既没有提供汽车的颜色，也没有提供街道的布局。第一组受试者的任务是找出与书面材料描述相符的场景。每秒展示8个场景时，成功率为60%。每秒8个场景意味着每个图像只能看125微秒，所以受试者必须在极短的时间内处理每个场景的所有视觉信息。第二组受试者只需要在测试结束后描绘他们所看到的场景即可，最后只有11%的人能够稍微详细地描绘相关场景。出现这一结果其实并不奇怪。虽然他们可以说出研究者向其展示了什么样的场景，但是在内容方面他们却无法提供任何具体的信息。

第一章　路障？什么路障？多彩视觉世界里的错觉

尽管我们无法将我们在外部视觉世界里看到的一切完完整整地记录下来，但是玛丽·波特的实验告诉我们，我们真的可以在一眨眼的工夫就把大致的场景全都记下来。两者显然自相矛盾，但是，如果我们可以给"看"下一个准确的定义，那么一切自然就解释得通了。落在视网膜上的所有视觉信息也被我们的大脑记录了下来。这一信息包括构成我们周围世界的颜色和形状，而该信息主要是由"初级视皮层"处理的。在这一阶段，我们仍然无法分辨个别物体。"看"说的是每件物体都把光线投射到了视网膜上。尽管我们会"看见"许多东西，但我们只会深度处理一小部分信息，并知晓事物真实的样子。分辨——了解某物究竟是一棵树还是一座绿色的建筑物——要求我们进行更深层次的信息处理并确定该物体的"身份"。关于这一点，我会在第三章深入分析，现在我们只需要把握一点就好，即对多彩视觉世界的错觉与形状和颜色并无多大关系，而与我们对于某一物体确切是什么的具体知识有关。

如果我们把"看"定义为视网膜接收到的信息，这就意味着我们是自动地"看见"，而简单地"看"某物体并不需要做任何进一步的处理。

再回到科恩隧道的交通路障问题。无疑，在那个不幸的摩托车驾驶员驶近隧道的时候，路障的视觉信息落到了他的视网膜上。这意味着，其颜色和形状一定经过了初级视皮层的处理。所以摩托车驾驶员是"看见"了路障，但是，他并没有分辨出这是一个路障。要做到这一点，他必须要在更深层次上处理路障的信息,遗憾的是这一切并没有发生。"大猩猩视频"事件也是这个道理:每一个看视频的人都"看见"了大猩猩,但是由于观看者忙于计算来回传球的次数,所以,他们并没有深度处理大猩猩的视觉信息,因而也就无法分辨出大猩猩就是大猩猩。

这也说明了哪怕有人飞快地向我们展示某些场景,我们也是能认出这些场景的。为了做到这一点,我们使用了我们几乎可以瞬间接收到的基本的视觉信息。这一信息为我们提供了某一场景的"概要"(基本内容)。但是,该信息可获取的时间过短,不足以让我们分辨出场景中的个别因素。因此,我们根本无法详细地描述这些场景,但是我们可以分辨出此前已经向我们描述过的场景。

如果你想传递一种视觉信息,比如交通标志上的信息,那你就必须要知道在一瞬间你可以传递出什么样的信息。我在城市里骑行的时候,对于路上充斥的如此多的复杂的黄色道路施工标志感到颇为困惑。视觉信息可以很快传递,但毕竟有一个"度"的问题。我们无法在一眨眼的工夫就处理好一个完整的句子。在这一方面,符号要有效得多。当然,我也知道,要为每种信息设计一个符号是不可能的,但是如果一条道路上充斥着杂七杂八的各种标志,那它们非但起不到作用,而且对要传递的信息和目标受众(即道路使用者)都是有影响的。

信息传播只有在相关信息送达预期用户之后才是成功的。一则广告不管给我们留下了多么深刻的印象,如果在看完这则广告之后,我们不记得预期信息(比如,产品名称)的话,那么这

第一章 路障？什么路障？多彩视觉世界里的错觉

则广告就起不到预期的作用，同时，注意力架构师也就没有很好地完成其任务。广告创意者事实上有两大任务：一是保证广告能让人看到，二是保证相关信息能传递出去。这在当今世界尤其重要，因为，为了将信息传递给我们，广告人已经挖空心思，穷尽了各种我们能够想象得到的策略。喷气式战斗机飞行员对自己"坐骑"的相关信息可谓了如指掌，但关键在于：一旦出现问题（如发动机故障），他们是否能够马上发现呢？一条道路上满满当当的都是标志，其中肯定有一个标志想向我们传递非常重要的信息，哪怕收效甚微。注意力架构师应当承担起责任，确保信息能以恰当的方式传递出去。重要信息不仅要被看见，而且要被辨识和处理。

在传递信息的过程中，注意力架构师还要考虑这样一个事实，即人与人是有区别的。人类寿命延长了，许多老年人觉得再也跟不上时下信息传递的速度了。智能手机或许特别适合时下的年轻一代，但年轻一代终究也有老去的一天（而且寿命很可能还会长很多），因此这就对信息传输提出了"降速"的要求。当下的趋势是鼓励老年人适应更长时间的独居、独立生活，因此我们必须调整信息传播的方式和方法，比如，在智能手机的设计方面做出适当调整，这样才能同时兼顾老年人的需求。

与过去相比，我们现在所使用的带屏幕的设备堪称史上之最。制造商们仍在进行着坚持不懈的努力，试图让这些设备更加"对用户友好"。但是，对于某些公司而言，"对用户友好"并不是它们需要考虑的唯一因素。使用该设备本身还必须是一种

"体验":不仅使用起来让人得心应手,而且使用后还应该让人感觉良好。这就意味着绚丽的色彩和现代的设计工艺同样不可或缺,但是用户友好和精巧的设计很难兼而有之。真正成功的设计师的标志在于有能力将二者合而为一,并推出一种适用于所有年龄段的设计。

一个简单的问题:到目前为止,你在阅读本书的过程中是一拿起来就没放下过,还是在阅读的过程中时不时停下来查看信息?我们中有许多人会不断地查看屏幕,因为这些屏幕会不断地向我们推送信息。我们会时不时地查看手机、平板和电脑,生怕错过任何一个最新信息。我经常发现,哪怕根本没有任何新信息,每隔 5 分钟我还是会再度查看一下。而且,有时因为需要专注于手头的工作,所以我只好关闭了电子邮件,而关闭了邮件之后我却会感到一丝焦虑。有时,我心里巴不得再来一个视觉提示,打断我的工作,提醒我有新邮件,以防止新邮件不知不觉中自动转入了收件箱。谢天谢地,目前我的症状还算是轻的,但是大众媒体已经创造了一个新词来形容这种新"瘾":"信息肥胖症"(infobesity)。事实上,越来越多的人认为这是一种临床疾病。这个新词的发明是一家专门研究年轻人新时尚的"趋势团队"集思广益的结果。虽然人们对于是否应该把该症状归结为一种疾病(关于该问题的科学文献极少)还心存疑虑,但是事实上,医生们正在收治越来越多因为睡眠不足而导致各种问题的花季少年。

我们之所以睡眠不足,其中一个原因就是我们胃口太大,渴

望无穷无尽的信息,而这些信息是通过屏幕呈现给我们的。这导致了注意力的问题,但这并没有什么奇怪之处。如果我把身边那些令人厌烦的信息来源通通关闭的话,这本书可能很早就写完了。然而,我做不到这一点。这就是很多人都偏爱在晚上工作的原因之一,因为到了晚上,打搅我们的人少了,新信息也少了,所以我们更容易集中精力做自己想做的事情,而不用担心受到干扰。出于某种原因,我们无法自行把信息的来源关闭,而这往往是因为我们"生怕错失信息"而导致的,也就是说,担心错过新信息,尤其是来自我们社交网络之内的信息。我们不难看出,相对于老年人而言,年轻人在这一方面要面对的困难更多,而其原因恰恰就是社交媒体网络对于年轻的一代而言要重要得多。

科学研究告诉我们,年轻人极度频繁地使用多媒体。平均而言,年轻人每天花在不同的媒体上的时间可能会长达十几个小时。当然,之所以时间如此之长是因为他们会同时使用不同的媒体。其中一个特别有趣的发现是,这种多媒体应用大多属于视觉类:显然,我们对所有视觉产品都情有独钟。原来有赖于言语的社交活动现在被视觉活动取代了:因为耗时过长,语音邮件很快就成了老皇历,取而代之的是从屏幕到屏幕的信息传递。后者显然更受人们青睐。现在使用电话的人们越来越少了,而越来越多的人选择了屏幕交流,交流方式也不再局限于倾听彼此的声音。如果电子邮件和WhatsApp(一种聊天软件)也更多地有赖于言语交际,那么它们现在一定不会那么受人欢迎了。

屏幕在交流信息方面更为有效,因此现代世界中的屏幕几乎无处不在。其结果就是:人们为了吸引我们的注意力展开了艰苦卓绝的斗争。我们已经确立了这样一种观点,即我们只要瞥一眼有限的视觉信息就能对其了解个大概。在短短的一瞬间,我们就在身边的信息漩涡中选择了一种与我们关系最密切的信息,然后对这种信息进行了深度处理并予以甄别。其他所有信息继续一闪而过,只有当我们决定再次查看时,它们才会变得与我们有关。

视觉信息处理能力有限。这一认识对于我们的人工智能系统,如机器人,产生了深远的影响。至于机器人最终将在人类社会中起什么作用,这仍然存在许多争议。虽然就其智力而言,机器人根本无法与人类相提并论,但是人们估计机器人很快就会取代人类完成许多简单的任务,比如,在无须人类干预的情况下,真空扫地机器人会为我们打扫好起居室或者办公室。在更加遥远的未来,机器人还可以四处旅行——谷歌的无人驾驶汽车就是一个很好的例子,它很好地诠释了"这个看似遥远的未来,其实近在咫尺"这样一种说法。谷歌无人驾驶汽车已经行驶在美国内华达街头,尽管车上还坐着两个人:一个人负责在紧急情况下操控汽车,另一个则负责在手提电脑上监控汽车性能。2015年6月,有人披露,无人驾驶汽车卷入了23起交通事故,但是,所有这些事故的过错方都不是机器人,而是人:事故要么是由其他车辆中的人类驾驶员引起的,要么是由谷歌无人驾驶汽车中的人类驾驶员引起的。

如果你正在设计机器人,你完全可以从效率极高的人类视觉系统中获得许多启发。在任何一个给定的瞬间,我们只能处理数量有限的视觉信息,从而达到可以辨识的程度。我们的选择主要是由当时与我们相关性最大的因素决定的。如果你正在驾驶汽车,那么与在公路上驾驶汽车直接相关的东西就是与你关系最大的东西,除此之外,其他一切均可忽略不计。在这一过程中,我们可能突然收到信息,提醒我们危险迫在眉睫,比如,有一个小孩正在横穿马路。你从眼角处瞥见一个小孩准备横穿马路时,你到底猛踩了多少次刹车呢?虽然你的注意力专注于路面,但你在当时做出了自然而然的反应,因为你的大脑发现了某种可能导致危险的东西。后文我们再做详细讨论。

效率高的机器人不会把时间浪费在毫无必要的计算上,它的表现也是类似的,它只会处理与其任务相关的"视觉"信息,与此同时它还会注意重要的输入信息。机器人的相机所接收的其他所有信息均可忽略,无须处理。虽然只有在遥远的未来才会出现可以出色完成无数次任务的机器人,但是我们确实也已经为机器人铺设好了道路,可以让机器人在车流中穿梭自由的同时还能专注于某一项任务。或许更好的一点是,谷歌无人驾驶汽车不会受到新邮件或 WhatsApp 新信息的干扰,所以它比一个永远都有好奇心的人要安全得多。只要我们的谷歌无人驾驶汽车能够成功地看到远处隐约有一个交通路障,我们就能够稳坐钓鱼台,爱怎么收邮件就怎么收邮件,而与此同时,机器人则会根据事先设定的程序兢兢业业地完成既定的任务。

人类感知是有效系统选择某些视觉信息进行进一步处理的

结果。这一原则不仅适用于真实世界,而且适用于虚拟世界,我们一戴上 VR(虚拟现实)头盔就打开了这样一个虚拟世界。如果我们只是深度处理在任何一个时间点与我们相关的信息,那么到了虚拟环境中,我们就完全没有必要向人们提供所有事物的非常具体的信息。需要处理的信息的量将大幅减少,而这正是今天人们在开发虚拟现实环境时所面临的主要绊脚石之一。

虚拟现实长期以来都是某种类似于"圣杯"一样可望而不可即的东西,但是在过去几年间虚拟现实技术取得了长足发展,所以现在人们对未来充满着很高的期望。许多大型科技公司,如脸书(Facebook)、索尼和美国维尔福(Valve)集团,都已经开始生产可以让使用者体验虚拟环境的相对经济、轻便的 VR 头盔。脸书的 Oculus Rift 头盔是 VR 头盔中的优秀代表,因此也受到了广大消费者的追捧。它物美价廉,重量不足 450 克,视野达 100 度。尽管该头盔的分辨率和视野范围不足人眼的几分之一,但相比于此前的其他型号的产品而言,它已经是一个巨大的进步。旧款 VR 头盔不仅笨重,而且会让使用者产生恶心的感觉,这也是羁绊着虚拟现实系统开发的一个大问题。使用者之所以会感到恶心是因为这些系统的"低时间分辨率"(每秒帧数低),但是处理速度更快的图形视频采集卡的出现为这个问题提供了一个解决方案,而且现在的技术甚至可以把智能手机转换为 VR 头盔,比如谷歌纸板 VR 眼镜。

虚拟现实提供的可能性几乎是无穷无尽的。目前,它已经被运用于外科手术中,以起到减轻痛苦的作用。比如,在处理三度烧伤时,将患者置于虚拟的冰雪环境之中,就可以起到和吗啡一样的缓解疼痛的效果。虚拟现实同时也可以让患有创伤后应激障碍(PTSD)的士兵重返战争场景之中:既可以体验,又可以远离危险,而且其作用也延伸到了教育领域:试想一下,聆听爱因斯坦本尊主讲相对论会是怎样一种体验?

目前,这些系统的制造商们正在努力将单一场景中的视觉细节水平最大化,以创建尽可能完整的虚拟图像。但是,这对控制VR头盔的电脑提出了极高的要求,即处理能力一定要非常高,这样才能打造视觉细节,而其实这并不是我们真正需要的。此外,我们只能将视网膜的一个极小部分(即中央凹)聚焦于某种物体。双眼直视前方,同时还要想方设法读取视线边缘的信息,其实我们是做不到这一点的。智能系统只需要提供某一点的高清视觉细节即可,这才是用户的眼睛真正习惯的关注方式。后续我们将看到,在这个特定的点上我们通常可以找到与观看者相关的信息。

这就是所谓的"凝视条件下的多分辨率显示"起作用的地方。所以VR头盔只在用户目光所及之处提供高视觉分辨率,而其他所有信息都是以低分辨率呈现的。该系统是通过监控观看者在使用VR头盔过程中的眼睛的活动来实现的。据称,这一功能很快就会成为未来所有Oculus Rift头盔的一个标准特征。如果开发者只把努力的方向聚焦于用户观看的地方,然后再相应地调整他们创建的图像的话,那他们就会解决虚拟现实系统中许多悬而未决的问题。未来将没有必要用纤毫毕现的方式呈现多余的信息。这样一来就可以节约高达80％的能量,而且还能大大延长电池的寿命,这一点非常实用。这样我们就可以一边坐在无人驾驶汽车中四处兜风,一边沉浸于虚拟世界之中了。

所以,尽管我们并不会接收视觉世界里的每样信息,但是我们还是有许多途径可以预测在一个给定的情境之中我们有望收到什么样的信息。但是,注意力架构师可以传递信息的途径是有限的。哪怕路障再醒目,在公路上安装路障显然也不是一个明智之举。一切的一切最终都归结于期望值:我们只是完全没有想到公路上会有路障而已,这也使得警示驾驶员变得困难重重。在很大程度上,我们能够看见什么是由我们期望看到什么决定的。哪怕一个物体再醒目,如果它与我们的期待不符,我们还是可能看不到。或者花一点时间和精力去建一条更好的隧道比让公路使用者注意到你的路障要好多了。

第二章

为什么我认为消防车不应漆成红色：物体变得醒目的奥秘是什么？

　　大西部主线（Great Western Main Line）是自英国伦敦帕丁顿车站前往西英格兰和南威尔士方向的铁路干线。西伦敦的拉德布罗克格罗夫地铁站就在这条主线上。1999 年 10 月 5 日上午 8 时许，一列火车从帕丁顿站驶出。在即将抵达拉德布罗克格罗夫地铁站时，火车本该在红灯亮时停下等待，以免驶入错误轨道。但不幸的是，驾驶员并没有停车。恰恰相反，他全速前进，径直撞上了迎面驶来的火车。对面火车的柴油箱发生爆炸，火球焚毁了两列火车上的数节车厢，造成 31 人死亡、520 人受伤。

　　表面看来，上述悲剧与前一章科恩隧道路障的例子异曲同工。二者都是未能成功捕捉视觉信号的案例，但它们又相去甚远。在科恩隧道的例子中，路障是个意外因素，事故的主要原因

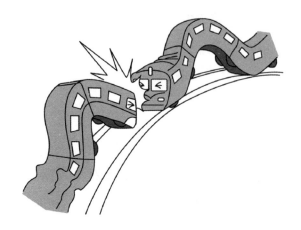

在于道路使用者没想到在道路中央居然会遇到路障。然而,这种解释对本例并不适用。毕竟,火车驾驶员的首要任务之一就是正确解读各种交通信号。

令人遗憾的是,这名 31 岁的火车驾驶员没能生还,悲剧的起因无法完全查明。然而,人们认为,事故很可能是由驾驶员对交通信号的误判导致其错误认为可安全通行引起的。但驾驶员怎么会犯这样的错误呢?红色信号灯在他所在的铁轨上方清晰可见,右侧是为相邻轨道设置的另外 4 个信号灯。当时所有的信号灯都是红色的,这意味着事故不可能是由火车驾驶员的误判造成的。

驾驶员误读信号丧生,必定有其他原因。信号灯的可见性就是可能原因之一。十月的那天,艳阳高照,天气格外宜人。尽管信号灯看起来和平日别无二致,但灿烂的阳光也许会使得驾驶员难以确定信号灯到底是不是红色的。好比在天气十分晴朗时要想确认车前灯是否开启，操作之难想必大多数人都不陌生。不同于天色漆黑之时，当阳光明媚时，我们周围一切事物的对比度都会大大降低。

让情况更加复杂的是信号灯本身的实际构造。它们有红有黄，红灯亮起，黄灯熄灭。然而，十月的太阳挂在火车背后的低空，可能和黄灯形成强烈反射。要判断究竟亮着的是红灯还是黄灯就更难了。这样一来，太阳反射的黄光也许和红灯一样耀眼。更糟糕的是，悬挂在铁轨上方的变压器进一步阻碍了信号的可见性。

无独有偶，火车已经不是第一次在这儿闯红灯了。在这起致命事故之前的 6 年里，本该在 SN109 信号灯处停车的驾驶员们至少 8 次在不同情况下发生失误。铁路公司知道这些事故，但并没有采取恰当措施来挽回局面。对高危信号开展适当的培训和教育或许就足以防止此类事故的发生。这个不走运的火车驾驶员 13 天前才刚完成了驾驶培训，但培训内容不包括如何应对易于忽视的信号灯。

红色信号灯有时显而易见，有时却遭到漠视，这与光源本身无关，而与光源的位置有关。物体在某情形下"清晰可见"，情形发生变化，可见性也可能随之改变。"清晰可见"这个词还需要进一步的解释。我们用眼睛观察周围物体的细节。我们转动眼珠时，实际上用视网膜的中心点——中央凹——聚焦感兴趣的物体。中央凹是视觉中对细节最为敏锐的区域。然而，这并不意味着我们努力看什么就能看见什么。哪怕你竭力辨识，合同末尾的小字也往往难以看清。细节必须够大才能让人看见。例如，把本书拿远一点，你就会发现要看清书上的每个字就很难了。

物体与背景的对比度也对物体的可见性十分重要。图 2.1 中的文本易读与否已证明了这一点。

现在很流行在网页中使用深灰色文字和浅灰色背景。

图 2.1　文字与背景的对比度会影响文字的可见度

这种文本呈现方式看起来也许很潮，但与白底黑字相比，文字和背景间的对比要弱得多。物体（如文字、红色信号灯）与背景之间的对比越强烈，可见度越高。

2008 年，荷兰一家备受青睐的电视收视指南杂志改变了其设计风格，之后便收到了大量订阅用户的投诉，投诉者们称他们无法继续阅读节目信息了。经过改版后，杂志的字号缩小了，信息（如频道、录制代码）使用了各种不同的灰色调加以呈现。有些文字颜色太浅，和白色纸张的对比度降到了最低。老年人对新设计尤为不满。不久后，该杂志制作方就意识到最好还是恢复原样。

可见的物体不一定醒目。醒目的物体不仅要可见，还要立马从环境中脱颖而出。例如，为了方便阅读，书上的某个字需要足够清晰，但因为每页还有其他数百个字，它就变得不再醒目。

然而，如果某页基本空白，只在正中央印了一个字，这个字就会特别醒目。

有了迷彩服，士兵在绿色背景中才不会显得特别突兀。而如今，许多战争在城市或沙漠中爆发，常规的军服不能再使用绿色迷彩，取而代之的是灰色迷彩。在沙漠作战时，身着绿色迷彩服的士兵不仅容易暴露，而且由于迷彩服和沙漠的颜色截然不同，反倒显得非常扎眼。理想中的军装就像变色龙一样，能随着环境的改变不断自动变换颜色。物体是否可见、是否醒目，还取决于其他众多因素，如它和背景的对比度、物体本身的光线等。在上述拉德布罗克格罗夫夺命火车事故中，极有可能是太阳光线反射了黄色信号灯的光，从而使驾驶员难以判断信号灯到底是不是红色，最终才酿成惨剧。

如果想要某个物体更快地被辨认出来，必须让它更清晰、更

醒目。从很小的时候开始,家长和老师就告诉孩子们:消防车是红色的。确实,如果有人让你说一种典型的红色物体,十有八九"消防车"会被当作是首选。可是红色真的是消防车的最佳选择吗?即便考虑到了驾驶消防车赶赴紧急现场的内在危险,消防车卷入的车祸仍然不在少数。消防车首次上路时,红色的车辆没有那么多,而今天的场景大不相同。如今红色的车辆屡见不鲜,因此消防车不能再像过去一样得到凸显。当然,还有其他办法让道路使用者对消防车产生警惕,比如使用警铃、闪光灯等。另一个聪明的办法是增加黄色反射物或白色/蓝色条纹,这一方法很快就被人们所接受。

另一种更彻底的手段是把整辆消防车漆成完全不同的颜色。这样的巨大转变需要辅以有效的宣传手段,以让人们尽快适应消防车的新面孔。在美国,不少州都采用了这一办法,它们现在的消防车是柠檬黄色,这种颜色在公路上、公路旁都较为少见。1997年,得克萨斯州达拉斯消防大队推出了红色和黄色的两款消防车,有关方面进而对两款颜色的消防车分别涉及的交通事故数量进行了监测。结果如何呢?与红色消防车相比,黄色消防车涉及的交通事故要少得多。鲜艳的黄色醒目得多,在看到黄色消防车时,其他的道路使用者能更迅速地做出反应。

在荷兰,救护车也有黄色的(色号为 RAL 1016),和美国许多新型消防车所使用的颜色极为类似。毕竟,在车流中凸显出救护车非常重要。与此同时,法律还禁止其他道路使用者驾驶与提供紧急服务的救护车的颜色过于相似的交通工具。不久前,迫于巨额罚款的压力,荷兰的动物救护车不得不更改颜色,因为它们和普通救护车实在太像了。2012 年,荷兰一家安保公司由于在公司车辆上使用了与警车十分相似的条纹,被法庭责令将条纹去除。尽管这家安保公司车辆的颜色组合和警车不同,法庭仍坚持认为其条纹粗细、方向、白色背景都会让其他道路使用者难以辨识它的真实身份。有趣的是,审判过程中,警方发言人建议安保公司在车辆上画上向日葵。他应该是出于好心,想提供点帮助而已,但向日葵似乎和安保公司铁面无私的公众形象风马牛不相及。

通过突出重要信息减少交通事故的案例不胜枚举。其中一个例子就是所谓的第三制动灯:后车窗上与视线水平的制动灯。

在荷兰,凡是 2000 年后制造的汽车,都必须安装第三制动灯。第三制动灯之所以更醒目,是因为它的位置高于另外两个常规制动灯。驾驶者不但可以立即看到自己前方车辆的第三制动灯,还可以看到其他车辆的第三制动灯。据估计,在美国,安装第三制动灯后每年减少了近 20 万起交通事故。

在隧道建设过程中,人类感知能力的局限性也是一个重要的考虑因素。白天,驾驶者驶入隧道时会觉得自己正在驶入一个变暗的空间。就强度而言,日照和隧道内的光线有着巨大的差异。在天气晴朗的日子里,视觉系统会适应明媚的阳光,因此,我们需要花一点时间才能适应隧道里的黑暗。这点时间也许至关重要。驶出隧道时,类似的问题再次出现。当然,由于出入口处的光线通常比隧道内更亮,隧道内的照明能有效缓解问题。照明使隧道内外的光线过渡不那么突然，给我们的视觉系统更多时间来适应变化了的环境。

让我们暂时将视线移回红色消防车。使用红色也许会给色盲患者带来难题。色盲在男性中更为常见。据估计，每 12 名男性中，就有 1 名在正确辨识颜色方面存在障碍，而每 250 名女性中，仅有 1 名为色盲。人类通过视网膜中的三种感光细胞来识别颜色，这种感光细胞被称为视锥细胞。色盲通常是由于这三种视锥细胞中的一种或多种停止正常运行引起的。最为常见的是红绿色盲，红绿色盲患者难以区分红色和绿色。这就使得完全依据颜色来区分红色消防车和园艺公司的绿色卡车格外困难。

色盲虽然算不上一种重症，却给患者带来了极大的不便。定时炸弹随时可能被引爆，主角正在争分夺秒地拆弹……这是每个人都很熟悉的大片场景。主角接收到耳机中的指令：剪断红色的电线，不要碰绿色的。我们唯一能做的就是祈祷他千万别是红绿色盲。在更为平凡的日常活动中，红绿色盲也产生着巨大影响，对电工而言就是如此。在旧的电线颜色代码中，绿色和红色分别代表相位线和中性线。现在，用棕色和蓝色取而代之，以消除色盲可能引起的任何问题。出于同样的原因，另一条非常重要的电线，即地线，被赋予了两种颜色，这样一来，即使是根本不能识别任何颜色的人，也能够看出其中的差别。此外，其他电线上也不可能出现同样的双色标志。

交通信号灯也使用红色和绿色。然而，红绿色盲患者通常

第二章　为什么我认为消防车不应漆成红色：物体变得醒目的奥秘是什么？　031

不会弄错什么时候该停、什么时候该行。这是因为交通信号灯利用了一种叫作双重编码的现象：信号灯的状态不仅由颜色表示，而且由位置表示。红灯总是在上，绿灯总是在下。比利时人发明了一种系统，以期消除一切疑虑。在该系统中，红色信号灯的颜色更偏紫罗兰色调，而绿色信号灯则带有淡蓝色。你现在也许会问，发生在拉德布罗克格罗夫地铁站的事故是否可能由色盲导致？答案是"不可能"。和飞行员、驾校教练和足球裁判一样，所有的火车驾驶员都要通过色盲测试。

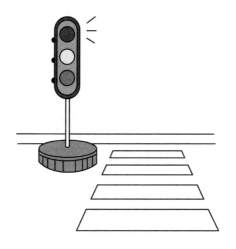

在帮助色盲患者方面，双重编码不是唯一能派上用场的工具。哪怕是在黑白电视时代，不同的足球队也必须穿色调不同的球服。通常，一队穿深色，另一队穿浅色，这样观众在看比赛时才能区分两队的球员。这对患有色盲的足球运动员来说也有帮助，因为色调不同的球服能让他们分清应该将球传给谁、不该传给谁。

人们对不同颜色的体验可能千差万别。2015年2月,一张连衣裙的照片被发布到网络上,24小时内迅速走红。这张照片是由一位自豪的母亲拍摄的,她想向女儿展示自己不久后将在女儿婚礼上穿的裙子。然而,准新娘新郎对这条裙子的颜色产生了不同意见:准新娘看到的是一件白金相间的连衣裙,准新郎则坚持认为那件连衣裙是蓝黑色的。因此,准新娘决定寻求朋友的帮助,并将照片上传到了脸书上。结果大家都再熟悉不过了:数百万人参与了讨论,很快就形成了两个非常明确的阵营——白金党和蓝黑党。

这个故事中最有趣的一点是,查看这张图片的方式似乎并不重要:用同一部手机或笔记本电脑进行观察的人也会产生分歧。人们似乎只能看见其中一种颜色组合,不同于纳克(Necker)方块——人们对物体的解读会不时发生变化。在连衣裙事件中,一个人从一开始就只看到一种颜色组合。全世界的色彩专家从睡梦中被急于解开谜团的记者吵醒。随后,为了解释这一现象,各国科学家之间进行了激烈的辩论。不久后,真相大白,揭开谜底的关键在于"颜色恒常性"。

颜色恒常性让我们得以在不同的光照条件下辨认相同的颜色。例如,将一根黄色的香蕉分别放在亮着蓝色灯光的房间里和户外的阳光下,香蕉的颜色看起来大为不同。

当我们注视蓝光下的香蕉时,我们的视觉系统会考虑光源颜色,并把它从香蕉的实际颜色中"剥掉"。无论在何种光照条

件下,我们的视觉系统都会借助我们对香蕉颜色的了解,确保我们看到的香蕉是黄色的。在上述连衣裙的例子里,照片的光源显然来自户外,但我们不清楚它是"金色"阳光,还是"蓝色"天空。正是这种模糊性导致了不同的解读。当一个人的视觉系统假设光线来自蓝天时,他的感知会"剥掉"蓝色的外壳,裙子看起来就成了白金色。另一方面,当一个人的视觉系统假设阳光给裙子提供了光源时,金色的外壳就被"剥掉",他就会得出裙子是蓝黑色的结论。整个过程在不知不觉中展开,要进行干预格外困难。

关于光线如何导致物体颜色的变化,爱德华·阿德尔森(Edward Adelson)的视错觉(图 2.2)就是这样一个范例。可以看到,图 2.2 中的棋盘由深浅不一的方格组成,字母 A 所在的方格看起来比字母 B 所在的方格颜色更深。而事实上,二者是完全一致的灰色阴影。在我们观看时我们的视觉系统的工作是确定每个方格的颜色。在这样做时,我们的视觉系统会将右侧大型物体投射的阴影纳入考虑范围。其结果是,我们在观察阴影区域中方格的颜色时,得出了与实际情况迥然不同的判断。请看右侧图片,相关部分用二维加以显示。当深度感消失时,我们对阴影的错误判断也随之消失,即我们的视觉系统不会再受到阴影的影响。这时我们就可以清楚地看到,两个方格是一模一样的灰色。请注意,这不是我们的视觉系统出了故障。相反,这展示了我们如何高效地应对遇到不同物体时的各类情境。

图 2.2 视错觉

"连衣裙"案例表明,我们对同一物体的感知可能存在巨大差异,同时这些感知可能深受自身经历或他人意见的影响。仅仅是对光源的分歧就会导致两个人对物体的感知千差万别。目前许多不同的研究小组都致力于研究这一特殊现象。最近,在一场关于物体感知的科学会议上,同款连衣裙成了在场女性研究人员中最热门的着装。这条裙子闹得沸沸扬扬,但丝毫没有影响它的销量,这一点显而易见。顺便提一下,它其实是蓝黑相间的。

物体的醒目程度取决于多种因素,特别是物体与环境的差异。这或许事关颜色,又或许事关物体在我们视野中的位置。我们前面曾谈到,我们无法用眼角清晰聚焦物体。我们使用眼球后部的视网膜来捕捉周围物体的光线。视网膜含有感光细胞,如视锥细胞。视锥细胞让我们看见颜色、聚焦物体,大多数视锥细胞位于中央凹内部及四周。中央凹直径约为1.5毫米,是我们视觉最敏锐的区域。

从眼角观察世界时,我们会发现把物体区分开来更为困难,因为我们无法清晰地进行聚焦。直视三条简简单单、紧密排列的线时(即当双眼的中央凹都集中在这些线上时),要分辨出来它们很容易,但当你从眼角看它们时,则要困难得多。我们把区别紧密排列的物体时遇到的困难称作"视觉拥挤",拥挤的程度取决于一些简单的规则。第一条规则也许是最合乎逻辑的:一组物体,越往眼角移动,越难区分开来。请看下图中的加号,同时试着识别右侧中间的那个字母。加号和右侧字母之间的距离越远,这项任务难度越大。这是因为,物体距离中央凹越远,我们的视力下降越多。要想让物体保持同样醒目,必须让它在眼角处看起来大得多。

```
    +              x Z x
    +                          x Z x
```

迷彩服的例子告诉我们，一个物体如果被相似物体包围，它便不那么突出。这是视觉拥挤的第二条规则。请看下图，试着区分每行的中间字母。你会发现，第二行中，由于字母 Z 被两边的大写字母包围，区分难度增加了。第一行中，x 为小写，相比之下，第二行中三个同样大小的字母看起来相似度更高。

+   x Z x

+   X Z X

字体架构师们非常清楚，如果字母看起来过于相似，可读性会降低。设计师们发明了特殊字体，称其对阅读障碍人士更为友好。让字母更易于区分的方法包括增加字母间隙或把字体设置为斜体。患有阅读障碍的人常常把 b 和 d 混淆，因为这两个字母的唯一区别在于它们是彼此的镜像。理论上来说，通过赋予 b 和 d 略微不同的轮廓，人们能更容易区分这两个字母。这些想法确实很有趣，但至少在科学界，关于它们是真的能帮助有阅读障碍的人，还是仅仅是另一种商业营销手段，还没有定论。

交通标志上的字母常常由反光材料制成。在夜间，当这些字母被过往车辆的车前灯照亮时，所有线条都十分闪耀，以至于这些字母看起来会更加相似。e 和 o 都是圆的，唯一真正的区别在于一条小小的线。在美国，高速公路上的大部分交通标志都使用一种名为 Clearview 的字体。使用该字体的初衷是用更细的线条、更细微的字母间变化来解决闪耀的字母所带来的问题。

地名不再全部使用大写字母,而是将首字母大写,其余字母小写。研究表明,和以往的字体相比,Clearview 将交通标志的可视范围扩展了 16%。以平均车速 90 千米/时为例,看清标志所花的时间将缩短 2 秒。

一条适用于所有字体的重要规则是,每个字母之间的距离不能太近。这也是视觉拥挤的第三条规则。物体间距离越近,用眼角区分它们越困难。请看下列两行。

    +   xZx
    +   x Z x

如果你是一名注意力架构师,同时你试图通过一种夺人眼球的方式呈现信息,你就必须遵循视觉拥挤的规则。在广告牌中,标志通常出现在广告的角落,这样就能为正文留出尽可能多的空间。然而,当标志与其他视觉信息距离太近时,其可见度也许会大打折扣。标志需要和广告牌上的其他信息区别开来。如今,大多数电视频道在屏幕角落显示自己的标志,而且人们通常很容易从背景中将这些标志分辨出来。有时它们不是静态的,而是在角落里不停地旋转。因此,很多观众觉得这些标志实在恼人,这不足为奇。

黄斑变性(macular degeneration,MD)晚期患者无法通过中央凹近距离视物。黄斑变性导致中央凹内的视锥细胞相继死亡,从而严重损害患者的视力。中央凹,如上所述,位于视网膜的中心,对于需要敏锐视觉才能完成的任务,如面部识别、阅读等至关重要。黄斑变性晚期阶段,视野中形成盲点(或暗点),而中央凹以外的所有其他区域或多或少保持完好。在黄斑变性患者的视野中,盲点处在正中间,正好是健康眼睛视觉最敏锐的位置。

黄斑变性不分年龄。青少年黄斑变性通常是由斯塔加特(Stargardt)病①引起的遗传性障碍导致的。青少年黄斑变性患病概率约为0.01%。在50岁以上的人群中,黄斑变性患者的比例要高得多,约为2%。

此类患者为了弥补视野中央的视力受损,使用眼角来完成原本中央凹的工作。他们在视网膜上选择一个位置作为"新中央凹"(new fovea),又称"假中央凹"(pseudofovea)。你可能遇到过这样的人,他们不是直视你,而好像是从眼角看你。他们的中央凹,也就是他们通常用来直视他人的部位,看的完全是别的东西。当然,这也说得通,因为他们看着你的时候,他们的中央凹几乎看不到任何东西。许多研究表明,改用假中央凹的患者比尚未选择新永久位置作为中央凹的人阅读能力更强。因此,为了缓解黄斑变性,目前采取的治疗手段大多集中在帮助患者在视网膜上寻找一个最适合充当假中央凹的位置这一方面。多了解点总有好处的,例如,对于希望提升阅读能力的患者,如果盲点位于视野右侧,情况会更为不利。这是因为(西方世界中

---

① 表现为对称性且缓慢进展的黄斑变性疾病。——译者注

的)大多数人从左到右阅读,而且常常使用右侧的视觉信息来加快阅读进程。

相较于视力正常的人,使用假中央凹的人受视觉拥挤的困扰更甚,因为他们无法使用中央凹仔细观察相关信息。不幸的是,我们的大脑没有那么灵活,它不能让假中央凹替代真正的中央凹发挥作用,也不能通过频繁使用假中央凹来提升锻炼效果,从而缓解视觉拥挤。这表示黄斑变性患者总是用眼部的某个点来聚焦物体,但这个点无法提供最佳视线。阅读尤其如此,由于视觉拥挤效应,阅读变得困难重重:字母们看上去非常靠近,甚至非常相似,对于不得不试着从眼角进行阅读的黄斑变性患者来说,这无疑把挑战再度升级了。人们曾努力想办法改变文本的呈现方式,减轻视觉拥挤,从而让使用假中央凹的人阅读起来更轻松,但成功依然遥不可及。

使用假中央凹还会带来另外两个问题。首先,我们一般不喜欢别人用眼角打量我们。我们可能会认为别人避免眼神交流是因为对我们不感兴趣或者态度不友好,特别是初次见面时。哪怕我们知道某人黄斑变性由来已久,但当他似乎在躲闪我们的目光时,我们与他交流好像还是会感到别扭。我们倾向于对那些我们认为不愿意直视我们的人形成消极的看法。其次,基于身体构造,我们的双眼自然注视前方。用假中央凹看世界也许会引起颈部疼痛,因为必须时不时转头。

为了解决这些问题,科学家们研制出了棱镜眼镜,镜片经过抛光,可以将通常落在中央凹上的图像投射到眼角。戴着这种眼镜的人可以保持直视，同时还能使用假中央凹。眼镜并不能改善佩戴者的视力，但眼镜确实有助于抵消通过假中央凹看世界的负面影响。可惜，目前这种眼镜很重，不适合长时间佩戴。

尽管佩戴者在佩戴之初肯定需要做出一些调整，但从长远来看，这通常不会构成什么问题。戴老花镜的人知道刚换一副新眼镜是什么感受。刚开始一切看起来都有点奇怪，比如，镜片可能更加凹凸，这使得我们眼睛接收到的视觉信息略有差异；镜框可能也会不同，这起初也许会阻挡我们的视线，然而，几天之后，我们就对新眼镜习以为常，甚至忘了自己戴着眼镜。

这种调适过程有时甚至也会适应极端情况。1950年，西奥多·埃里斯曼（Theodor Erismann）做了一个不同寻常的实验，他让助手戴上一副眼镜，此后助手的世界变得上下颠倒。刚开始，可怜的助手几乎没法正常工作。他下楼梯没法不跌跟头，就连在自己鼻子底下的东西也捡不到，几乎不能正常走路。然而，数日以后，助手开始适应新环境——他非常努力，因此十天后他已经在颠倒的世界中游刃有余，可以顺利完成日常任务，不费吹灰之力。他甚至能骑自行车了。我们的大脑极其擅长适应新环境,甚至能迅速将其转变为"常态"。

因此,适应视觉感知的变化、适应年龄增长导致的视力下降,对我们来说完全不在话下。之前,在荷兰有一个声势浩大的游说团体,要求对45岁以上、希望更新驾照的人实行强制性驾考。2004年,一位政府部长甚至提案说必须进行相应立法。该提案背后的理论依据是:年长者由于视力下降,会给道路安全造成隐患。据推测,年长的驾驶者往往会忽视这个问题,结果可能导致更多交通事故。其他欧洲国家也纷纷对该话题加以讨论。眼科医生对这一提案特别支持。当然,新的立法如果要求推行强制性视力测试,眼科医生也许能从中获利不菲。因为如此一来,荷兰每年增加的测试数量会多达50万次。

你也许认为良好的视力对安全驾驶至关重要,但相关科学文献告诉我们事实并非如此。一个人的视力和他所导致的交通事故数量之间几乎没有任何关联。实际上,一些研究表明,视力低于平均水平的人驾驶安全系数更高。这是因为,我们做出的调整是基于自身观察周围事物的能力。看不太清楚时,人们反倒会更加谨慎地驾驶。比如,在雾蒙蒙的夜晚,不仅是视力不佳的人,所有道路使用者都会调整驾驶行为来应对困难条件。因此,强制性的视力测试并不能提升驾驶安全性。所幸,这位部长听取了科学界的建议,撤回了提案。

在第一章中,我得出的结论是,我们的内心世界只是对外在世界的有限反映。第二章则告诉我们,我们赖以反映世界的系统也有其局限性。例如,我们只能用中央凹来精确聚焦,而且我们也会在不同情境下经历视觉拥挤。此外，外在因素（如光照）也会极大地影响我们对颜色的认知。同时，因为我们频繁眨眼，眼睛常处于闭合状态，所以无法接收一切可以获得的视觉信息。

我们通常注意不到这种种局限对视觉系统的影响，因为这个系统非常灵活，反应迅速。以视网膜上的盲点为例，视网膜将进入眼球的光转换成电信号和化学信号，然后发送到大脑进行进一步处理。这些信号在眼球中的传播是通过一个大轴突网络（神经纤维）与视神经相连接的一个点完成的。在这一点上没有视锥细胞及视杆细胞，这就是为什么我们对落在视网膜这一部分的视觉信息视而不见。这个盲点的视度大小约为4度，相当于伸直手臂时4个手指间的宽度。你可以借助本书及下方的插图来定位你的盲点。闭上左眼，用右眼看着加号。前伸手臂，将本书慢慢移向你的双眼。到某个时刻——书距离你的脸大概20到25厘米时——圆圈将消失不见。这时候，圆圈就位于你的盲点，视觉系统会自动用页面的颜色填充这个空白区域（这一过程叫作"视觉填充"）。随着你继续将本书移近眼睛，圆圈再次出现。即使面对复杂的视觉刺激，视觉填充也会发生，如看着电视屏幕中的静止画面时也是如此。

<pre>   +   O</pre>

由于存在视觉拥挤等现象，注意力架构师需要记得，并非所有预期的视觉信息都能被观众察觉。物体必须足够醒目才能从

周围环境中脱颖而出。但我们怎样才能让某样物体更醒目呢？是什么让它脱颖而出？颜色似乎是最显而易见的切入点，但原因是什么？

　　视觉系统的功能是分别处理各类基础视觉特性。为了能清楚地传达我的意思，从现在起我会用"基础构件"（building block）来指代这些视觉特性，因为它们是视觉系统的基本组成部分。要充分理解"基础构件"的概念，首先要理解视野是什么。当你直视前方时，你所看到的就是视野的中央。右侧的所有信息都位于右侧视野中，左侧的信息则位于左侧视野中。双眼收集到的信息沿着视交叉（大脑中的一个交叉点）发送到视皮层，这是我们大脑处理视觉信息的部位。在这个传输过程中，双眼看见的图像合二为一：来自左侧视野的视觉信息被传输到右脑，而来自右侧视野的信息被传输到左脑。视皮层包含的神经元只有当信息呈现在视野的某部位［感受野（receptive field）］时才会做出反应（或"火力全开"）。这些区域还包含了只有当某种视觉信息出现在感受野时才会做出反应的神经元。此外还有专门控制运动和方向的神经元，例如，这条线是向右倾斜（\）还是向左倾斜（/）？戴维·胡贝尔（David Hubel）和托斯登·威塞尔（Torsten Wiesel）于1981年获得诺贝尔生理学或医学奖，因为他们发现视皮层中的某些神经元只有在感受野中出现一条具有特定角度的线（例如/）时才会做出反应。然后，所有这些基础构件都被置于视觉系统中，形成我们能够看到的整个对象。

　　所有基础构件上的信息都被传输至大脑中专门处理这些构

造的区域。例如,处理颜色的区域叫作 V4。该区域受损的人无法感知颜色,他们看到的世界都是灰色的阴影,有点像在看黑白电视。我们也能够识别健康受试者的这一区域,其途径是使用一种叫作"经颅磁刺激"(transcranial magnetic stimulation,TMS)的技术将该区域暴露在一个短磁脉冲下,这种技术会暂时扰乱颜色处理机制。

我们能否对物体进行感知,取决于基础构件,如颜色、形状、尺寸等与周围环境的差异程度。差异越大,我们注意到物体的可能性越大。在永恒的注意力争夺战中,感知能力往往发挥决定性作用。到目前为止,除非真正必要,我一直避免使用"注意力"一词,因为我首先想解释我们的大脑如何处理视觉系统的基础构件。但是事到如今,我不得不抛出问题了:注意力究竟是什么?在下一章中,我们会知道,正是注意力最终决定了我们可以从周围的视觉世界中获取什么。

第三章
注意力之选:为什么我们在思考时喜欢注视白墙?

2006年4月,一位女士决定去阿姆斯特丹看医生。她发现自己胸部有个肿块,有点担心。医生给她做了X光,结果发现是肿瘤。两个月后,该女士做了乳房肿瘤切除手术,还做了一段时间放疗。蹊跷的是,在她去看医生前6周,她已经照过X光,当时她参加的全国乳腺癌X光筛检,针对的群体是50至74岁的女性。

虽然术后她感觉良好,但是有一个问题一直困扰着她:为什么在筛查的过程中什么都没有发现呢?该女士向阿姆斯特丹有关部门提出了投诉。事后,她被告知,放射科医师并无过失,投诉被驳回。在筛查过程中,放射科医师发现了异常并将其标注为:"微小迹象",这说明他们认为没有必要进一步确诊。

荷兰研究表明,这种筛查检出率达70%。言下之意,漏检率要高于25%。当然,这个检出率并不理想,但是也并不是说哪怕确诊患有癌症的概率极其微小,也必须要做进一步检查。这类检查过程十分痛苦,如果只要有极其细微的迹象就要采取进一步措施的话,那也会导致许多不必要的不适与压力,因为出现细微迹象后检出肿瘤的概率非常低。

一般说来,公众对于医学筛查是没有多大信心的,这还算是往轻了说的:一旦出现错误,公众参与筛查的意愿就会降低,结果就是政府无法实现其初衷。所以阿姆斯特丹有关方面的最终认定结果对于医学筛查是否能够持续进行至关重要。英国和美国部分放射科医师现在拒绝参加筛查,因为他们担心会因医疗过失遭到起诉。在美国,律师事务所承接的患者申请索赔的案例越来越多。律师事务所在电视上大打广告,提醒患者可以起诉医院玩忽职守。但是在荷兰,此类案例则相当罕见。美国和荷兰的这一差别从第一次筛查之后找专家进一步确诊的女性人数可窥一斑:美国每 100 名女性中有 10 人会进行复查,而荷兰每 100 名女性中只有 2 人会进行复查。

在复查肿瘤曾被忽略过的 X 光片时,肿瘤往往就变得显而易见了。在这些案例中,最初查看 X 光片的放射科医师要么没有看到肿瘤,要么对结果的解读存在错误。乍看之下,这一结果似乎令人十分震惊,其实不然。我们再将两种情形进行对比。不知道 X 光片中含有肿瘤的放射科医师会像往常一样解读 X 光片。由于发现肿瘤的统计学概率低,所以放射科医师对于发现肿瘤的期待值相应也很低。但是,再次查看 X 光片时,情况就完全不一样了。现在放射科医师知道 X 光片中真的含有肿瘤,因此找到肿瘤的概率被最大化了。所以,第二次查看时,一般都能找到肿瘤。所以,我们不能想当然地认为参与复查的第二位放射科医师的技术水平一定超过第一位。由于两位放射科医师所面临的情况完全不同,所以两者根本就没有任何可比性。如果让第一位放射科医师来复查X光片的话,他很可能也会发现肿瘤,原因仅仅是此时发现肿瘤的概率要大多了。

在查看X光片时,放射科医师需要全面研究X光片中的每一个相关区域。要做好这件事,放射科医师就要逐个查看每一张X光片,而且还得查看每一张X光片中的所有区域。身穿红色衣服的圣诞老人在一群身穿绿色衣服的小帮手的簇拥之下可谓鹤立鸡群,但是要找到肿瘤可不是这么简单。肿瘤的颜色或形状与周边组织的颜色或形状并没有什么本质区别。事实上,要找出不正常的组织极其困难,要做到这一点不仅需要多年的训练,而且需要广博的医学知识。所以,在你看来放射科医师在检视视觉世界方面应该是一个绝对的专家,这确实是情有可原的。在大猩猩走进视频中时,放射科医师是不可能看不见的,对吗?

为了回答这个问题,人们进行了一项研究。研究者要求一组放射科医师检视一系列肺部X光片并从中找出恶性组织的迹象。放射科医师并不知道主试在X光片中加上了一只愤怒的大猩猩的影像。影像和火柴盒差不多大小。你通常想不到在X光片中会有愤怒的大猩猩这样的视觉元素,和篮球视频一样,人们也想不到其中会出现大猩猩。研究结果让人大跌眼镜:83%的

放射科医师都没有发现 X 光片中的大猩猩。

我们可以从放射科医师真正要完成的任务入手对此做出解释。他们的职责在于寻找具有具体视觉特征的组织,而不是大猩猩。如果大猩猩的颜色和形状与恶性组织的颜色和形状有一点相似的话,那么很可能会有更多放射科医师发现大猩猩。因为工作需要,有的专业人士必须具备不遗余力地搜寻某种视觉物体的能力。这类信息对于培训此类专业人士是至关重要的。对于职责在于观察扫描图像中是否存在安全威胁的安保人员而言,此类信息是相当重要的。你让一个人去寻找某个物品,他通常会抛开其他所有一切,只寻找这个物品。据称有这样一个案例,在三张不同的计算机断层扫描件中,遗留在患者血管中的导丝清晰可见,但是一大堆急诊室放射科医师、实习生和医生却看不到。似乎你会找到什么东西很大程度上取决于你想找什么东西(生活中又何尝不是如此呢?可以说很多事情都是如此,但是此处我说的只是视觉搜寻行为)。

当然,重要的不仅是你在找什么,而且怎么找也很重要。研究大猩猩和X光的同一批科学家对于放射科医师如何检视X光片也做了研究。在对放射科医师的眼动方式进行跟踪研究之后,科学家发现,放射科医师可以分为两类:"深挖者"与"扫描者"。深挖者会选择屏幕上的一个点,然后对所有不同X光片上相同的点进行检视。他们检视完该点之后,再继续检视一个新的地方,然后再把所有X光片都检视一遍。而扫描者会在完整地、仔仔细细地检视完一张X光片之后再继续检视下一张扫描件。每一张X光片他们只检查一遍,一遍即可。在实际工作中,放射科医师一般会使用这两种策略中的一种。

该研究表明,相对于扫描者而言,深挖者检视的范围更广,所以在发现异常组织的位置方面他们的得分也更高。未来,对于培训放射科医师而言,这类信息非常有价值。现在眼动追踪越来越容易,而且价格也越来越低廉。这对于培训放射科医师、提高放射科医师的检视方法和效率都大有裨益,而且在发现放射科医师查找方法不对或者不全面时,也可以及时介入。放射科医师的眼球运动能够揭示他们在X光片的扫描中忽略了哪些部位。

机场在检查手提行李时也用到了扫描,安检扫描仪操作员每天都要花费很多时间检查箱包中的物品。出于安全原因,目前我们对于安检扫描仪操作员采用什么技术检查箱包知之甚少,但是有报道称,安检扫描仪操作员对于藏匿于箱包中的假爆炸物检出率不足25％。当然，在扫描中找到爆炸物的概率要远小于放射科医师找到非正常组织的概率。偶尔夹带假爆炸物有助于提升检出率，但是，这还是让安检扫描仪操作员防不胜防，经常无法检出真的违禁物品。

美国有一项关于机场安检人员的工作效能的研究表明，由于机场安检人员每天都要仔细审核扫描物，所以在进行其他不相关的搜寻工作时，他们往往也会更为精确。有一组受试者被要求从电脑屏幕中找出一个藏得很深的物品，成功率达82％。但是，当一组职业安检扫描仪操作员参与测试时，虽然他们完成任务的时间确实比非专业人士要长，但他们的成功率高达88％。该研究表明，专业安检人员在搜寻方法上更为精准，这或许得益于长年监控包裹扫描件的缘故。但是，他们还称不上"超级专家"，因为精确度提升的同时搜寻的时间也更长了。与非专业的受试者相比，他们的搜寻时间更长，而且在其他人一般都会放弃的时候，他们还在孜孜以求地搜寻。

这类"闭门造车"式的实验存在这样一个问题：受试者对于要寻找的物品通常事先知道其存在，而安检扫描仪操作员日常工作时的情况则不是如此。由于找到物品的概率部分取决于物品存在的概率，所以这类实验的结果并不能很好地说明操作员的日常工作方式。这一点在安检扫描仪操作员的情况中是很明显的，他们在最后一周的培训中接受了测试。在测试期间，如果隐藏的物品多一些，检出率也会大一些，但是如果隐藏的物品少一些，有些安检扫描仪操作员就找不出隐藏的物品了。因此

第三章 注意力之选：为什么我们在思考时喜欢注视白墙？

有些机场平时会在安检扫描仪操作员的屏幕中混入一些违禁品的图像，这就增加了发现隐藏的违禁品的概率。言下之意，至少从理论上来说，违禁品越多，安检扫描仪操作员发现隐藏在行李中的违禁品的能力就越强。

如果你想测试一下你是否具备安检扫描仪操作员的能力，你可以下载一个"机场扫描仪"（Airport Scanner），这是一款免费应用软件，它为游戏者设定了查找行李扫描件中的危险物品的任务。这款应用软件取得了极大的成功，全球用户数达数百万。该应用部分是由美国政府资助的，美国政府显然对可以从游戏中获取的海量信息甚是满意。研究者们也参与了该游戏的开发，而且最近也发表了第一批系列论文，其中包含了数以十亿计的搜寻数据。有一些玩家玩得太上瘾了，个人完成的搜寻就已经达到了数千次。这也为开发者提供了机会，他们可以偶尔把某些物体夹带进其中（占比不到搜寻量的 0.15%）。这恰恰是你无法在实验室中进行测试的东西，因为你的受试者在经历了一个又一个小时的测试之后，最后一定会尖叫连连地从实验室里跑出来。如果可能的概率为 0.1%，那说明，每搜寻一千次，物品才会出现一次。而且如果要对一个正在寻找一件极其罕见物品的玩家的表现做出一个肯定的结论，至少得进行两万次的搜寻。由于有了机场扫描软件，这种数据才唾手可得，而且它也一而再再而三地证明玩家或专业人士经常难以发现这些罕见的、隐藏的物品。

在进行 X 光扫描时，为了找到异常，往往要一厘米一厘米地

扫描图像。但是,在这一过程中,究竟发生了什么呢?为了回答这个问题,我现在要正式介绍一下"注意力"这个术语。注意力是我们用以从所有可获得的视觉信息中做出选择然后只对被选信息进行处理的机制。我们的注意力没有关注到的信息大多被过滤了。注意力好比是瓶颈:在任何一个给定的时间点,花瓶中只有一部分液体能够倒得出来。

在心理学领域,围绕"注意力"这个术语人们展开了很多讨论。这主要是因为"注意力"并没有一个标准的定义。每个人都知道"记忆"这个概念是与记住信息的能力有关的。"感知"的概念显然和我们接收感官信息的方式是有关的。但是,"注意力"就没有这么清晰了。假设我在派对上遇见了一个人,我告诉他,我目前正在做有关"注意力"的研究,每个人所理解的"注意力"可能都会有很大的不同。一开始,大部分人会说,它与我们专注于某一个任务的能力有关,他们会说"我的注意力一直在游移之中"或者"我的注意力只能集中一会儿"。对于注意力的这种阐释说的是选择某一种行为的能力,比如阅读本书,然后坚持这一行为。为了做到这一点,你必须要做到不让自己因为别的事情而分心,或者去忙别的事情,比如,心里想回头你得去一趟杂货铺等。这种解释完全关乎选择,但是也包含了一个时间元素,要求一段时间内要专注于某种活动。这与我在本书中所讨论的注意力(即我们对于视觉信息的关注)并没有多大的关系。尽管如此,在这两种情形之中,我们谈的确实都是注意力。

缺乏合适的定义不仅在派对上给我们带来了麻烦,而且在研究领域也给我们带来了麻烦。许多研究者认为,我们是不可能给注意力下一个标准定义的,因为该概念就是用来描述许多不同的选择过程的。有一些科学家甚至认为,我们还可以完全摒弃该术语,因为它解决不了问题,而且引发了很多新问题。关于"注意力"这个问题人们一直莫衷一是,仁者见仁,智者见智。定义模糊的结果就是在科学论辩之中,科学家们不去讨论如何解释某个实验的结果,反倒陷入了关于"注意力"这个术语的无休无止的讨论之中。

缺乏一个好的"注意力"的定义造成了极其深远的影响。大脑受伤的人通常难以从事正常的日常活动。如果患者一直有健忘问题,往往会被当成健忘症来治疗。大脑受伤的患者经常也被诊断为"注意缺陷"(attention deficit)。注意缺陷指的可能是患者难以专注于一项单一的任务,也可能指的是患者的视觉注意力出了问题。但是,由于缺乏对注意力的标准定义,所以问题就变成了:做出这样一种诊断究竟是对患者有益,还是为患者设置了障碍？

随着大脑研究与新成像技术，如功能性磁共振成像（fMRI）的涌现，我们开始对这个神秘器官各个部分的功能有了越来越多的了解。有趣的是，我们注意到，大脑的许多部分都和注意力的功能有关。但是，由于"注意力"这个词的定义仍然模糊不清，所以没人能够弄清楚这些区域的独特功能究竟是什么。其解决方案看似不再将注意力视为一个单一的概念，而是将其视为一个通用术语来描述大脑所使用的不同选择机制。我们的大脑要做出选择恰恰是因为我们无法一心多用，无法处理我们周围所有的视觉信息，在同一个时间段内我们也无法把所有的想法一一思考个遍。我们会选择信息中的一些碎片，然后对其进行处理，而不让自己受其他不相关信息的干扰。因为有了选择，所以大脑才不会出现超负荷现象，才不至于要同时处理出现在我们面前的所有信息。

我们在谈到选择视觉信息时，事实上说的是视觉注意力，其关乎的只是处理输入的视觉信息，而不关乎某个人坚持单一任务的能力。它与你在任何一个给定的时间点要处理的信息有关。这仍然是一个比较模糊的定义，它仍然无法帮助我们消除一些疑虑。比如，我们仍然不知道，你在空间之中将注意力专注于某个点的时候究竟意味着什么。为了做出恰当的解释，我们要来做一个思维实验。

想象一下，有这么一个世界，在这个世界里，只有两样东西：一个红色的方形和一个红色的圆形。我们在上一章中已经了解到,不同的基础构件是由大脑的不同部分来处理的。在处理来自这个想象中的世界的信息时,物体的颜色——红色——是由大脑负责处理颜色的部分来处理的,而它们的形状——圆和方——则是由大脑负责处理形状的部分来处理的。"颜色神经元"对红色做出了反应,而"形状神经元"则因为方和圆激活了神经簇。视觉系统在合并此信息时并无困难:毕竟只有一种颜色,这意味着方和圆都必须是红色的。重新组合这个抽象但简单的世界中的基础构件并不是问题。

现在让我们把这个简单的世界变得复杂一点吧,我们再来加上一种颜色,这样我们就有了红方和蓝圆。大脑负责处理颜色的部分——负责处理红色和蓝色的神经元——变得活跃了,而负责处理形状的那部分则保持不变。但是,哪种颜色和哪个形状匹配呢?在涉及信息组合这个问题时,视觉系统就无从知晓哪个形状是红色的,哪个形状是蓝色的了。系统知道它见过一个红色的物体和一个蓝色的物体,但是它并不知道方形是红色的还是蓝色的。这就是所谓的"捆绑问题",它也是视觉系统功能所带来的结果。我们无法将从丰富的视觉世界中接收到的关于基础构件的信息进行综合,因为这些基础构件是在不同的神经元区域处理的(更别说我们这个视觉世界里有着比我们在上述那个简单、抽象的例子里多得多的形状与颜色了)。

视觉注意力为这一捆绑问题提供了一种解决方案。注意力能够保证这个视觉世界中只有某个部分会受到处理,其他信息则会被过滤。在上述例子中,我们的大脑把注意力专注于红色方形上,而忽视了蓝色的圆形,因此就解决了捆绑问题。这就使得视觉系统得以知悉,应该将哪种视觉信息绑定在一起。能对"红色"做出反应的神经元在颜色区域被触发了,而能对"形状"做出反应的神经元则在形状区域被触发了。所以视觉系统现在知道了在注意力专注的地方有一个红色的方形。

为了了解某个物体究竟是什么,你必须要获取该物体所有的组合基础构件的信息。只有注意力才能够保证一个物体的不同基础构件能够组合在一起并相互绑定。一棵绿色的树只不过是绿色和形状的随意组合,除非注意力集中到了树所处的那个点上。注意力将颜色和形状组合在了一起,并让我们将树当成是一个单一的物体进行体验。这意味着如果我们不把注意力专注于物体身上的话,我们是无法辨识物体的。

基础构件的绑定是一个持续的过程,这也是一个自动的过程,速度极快,不受任何干扰。我们把注意力专注于某种东西的时候,那个点的基础构件马上就互相绑定了。这就是为什么我们在冥思苦想的时候喜欢盯着一面白墙或者闭上眼睛。它可以让我们从额外的信息中暂时跳脱出来,否则这些额外的信息很容易打断我们的思路。

亨克·巴伦德雷格特(Henk Barendregt),是斯宾诺莎奖[①]

[①] 斯宾诺莎奖(荷兰语:Spinozapremie,英语:Spinoza Prize)是由荷兰研究理事会颁发的荷兰科学界的最高奖项,以荷兰著名哲学家巴鲁赫·斯宾诺莎(Baruch Spinoza)的名字命名,奖励给为荷兰科学研究做出杰出贡献的科学家,获奖者每人将获得250万欧元用于科学研究。——译者注

的获得者，对"正念"（mindfulness）做过广泛的研究。我告诉他信息绑定有自动特征时，他评论道，在"正念冥想"（mindfulness meditation）（或"集中内观"）之中，最重要的工具之一就是解除个人阅历与个人思想之间的联系。这种冥想表明了对绑定过程施加影响的努力，它通过停止自动绑定信息的方式而用一种无条件的方式体验这个世界。其目的在于能够让你用一种无拘无束方式来体验这个世界以及你自己的思想，其终极目标在于减轻甚至消除绑定所带来的所有痛苦。

在下面的章节中，我将更详细地审视那些有视觉注意力问题的人们的情况。这些人因为顶叶皮层受损而出现了上述问题，更值得注意的是，相比于大脑未受损的人而言，这些人经常会把物体错误地绑定在一起。他们分配给某个视野的注意力更少。注意力缺失意味着他们无法把物体的各种基础构件恰当地绑定在一起，这样未能正确绑定的物体就增多了。

健康的受试者也会杜撰未正常绑定的物体。在一系列的实验中，屏幕上打出了视觉信息，但是这些信息的停留时间很短（比如 200 微秒），然后会被一个充满"视觉噪声"的屏幕蒙住。蒙住后，在视觉信息被撤除之后，后像就不会在屏幕上出现了。研究者认为，这样一来，视觉信息准确的可视时间就可以精确地控制在 200 微秒，不多也不少。时间短还可以保证受试者没有足够的时间将注意力从屏幕上的一点转移到另一点。在那么短的时间内，受试者看到了一个屏幕，屏幕上有两个数字和四个物体。这四个物体由不同的基础构件所组成，比如红色三角形、绿色的小圆圈、黄色的大圆圈和蓝色的大三角形。受试者首先要说出看到了什么数字,然后还要说出看到了什么物体。此时,在视觉信息只是短暂呈现而且还要注意识别数字时,受试者就没有足够的时间把注意力放在四个物体的单独位置上。其结果是受试者汇报的是非正确绑定的物体。其中18%的案例出现了绑定错误,如把两个物体的大小、颜色、形状搞混了,给出了诸如"一个红色的小圆圈"或是"一个绿色的小三角形"这样的答案。而在数字未呈现的情况下,他们并未汇报非正确绑定的物体。所以,在没有数字的情况下,受试者有足够的时间把注意力从一个物体转移到另一个物体上,还能够把不同的基础构件绑定在一起。这一实验结果提出了令人信服的证据,即注意力是负责把基础构件绑定在一起的。

　　在舞台表演中,聚光灯经常用于照亮舞台的某个部分。这有助于在关键时候让观众把目光聚焦在戏份较多的地方。在这些时候,聚光灯下的演员比舞台上的其他任何东西都醒目。这种情形也有助于舞台助手们趁机更换部分舞台布景,这些部分是聚光灯没有照到的,而且观众也注意不到。对于视觉注意力而言,聚光灯也是一个很好的比喻:注意力使我们得以对视觉信息做深入的处理,而不会忽略注意力聚焦的视觉信息。

　　正如许多其他比喻一样,聚光灯的比喻也有将注意力工作机制过于简单化之嫌。比如,聚光灯可以扫过舞台,但是注意力就不是如此。注意力在某一点的时候可以聚焦于一个点,后续则会完全转向另一个点;这是在没有将注意力放在两个点之间

第三章　注意力之选：为什么我们在思考时喜欢注视白墙？　059

的位置上的情况下发生的，不像聚光灯，聚光灯在从一个点转向另一个点时通常仍是保持着聚光状态。但是，在经过注意力训练之后，当物体在空间里移动时，注意力仍可以保持在物体上，比如，集中注意力于地板上滚动的球。

这一特殊的比喻就聚光灯的不同大小而言是非常合适的。聚光灯可大可小，正如聚焦的注意力一样。那种"聚光灯"，即所谓的"注意窗"（attentional window），是视觉注意力的重要特征，也是我们可以控制的。如果我们要进行的一种活动需要我们辨识一个小元素,我们就可以让"聚光灯"变小。看一看下面的字母和符号。当你把眼睛聚焦于＋号,同时试图读取字母时,你必须把"聚光灯"变小,并把你的注意力从一个点转移至另一个点。这是唯一能够辨识个别元素的途径。但是,如果你只需要知道不同的字母位于哪里,你就不需要使用较小的"聚光灯",而可以把"聚光灯"调大。这时,你不需要辨识个别字母,但是你仍然能够找出它们的位置。

$$\begin{matrix} & H & \\ G & & J \\ F & + & K \end{matrix}$$

需要多少细节才能完成一项任务决定了"聚光灯"的大小。下图是著名的纳冯(Navon)图,即由小字母构成一个大字母。如果我向你很快地展示一张纳冯图,然后让你告诉我你看到的大字母是什么,这对你来说一般不会有任何问题。这是因为在准备本任务的过程中,你已经扩大了"聚光灯"。但是,如果我紧接着再问你,这个大字母是由什么小字母构成的呢？你一般就说不出来了。要看到如此仔细的地步,你需要使用小很多的"聚光灯"。虽然你看到了小字母,你的眼睛也记录了视觉信息,但是,你无法记住小字母,因为你只记录了注意力聚焦的物体。

第三章 注意力之选：为什么我们在思考时喜欢注视白墙？

```
HHHHHHHHH
H
H
HHHHHHHHH
H
H
HHHHHHHHH
```

我们大多数人都可能认为，年长的驾驶员容易导致危险，因为他们可能无法注意到眼角的信息；或者认为年长的步行者在行走时无法注意到周边的任何物体或任何人，看起来似乎他们的视觉世界要小很多。这些问题从部分程度上来说是因为我们的"聚光灯"会随着我们年龄的增长而变小。"聚光灯"的视觉区域被称为"有效视野"（useful field of view）。事实上，我们的"有效视野"会随着年龄的增长而变小其实意味着我们很难把我们身边的整个视野记录下来。不同的研究表明，"有效视野"的大小与交通事故的数量或者和在一个繁忙的十字路口穿过马路所需的时间是有关系的。有一些培训项目，其目的在于增加"有效视野"的大小。在这些项目中，参与者被要求识别在电脑屏幕不同位置上呈现给他们看的物体，而且这些物体的持续时间越来越短。结果表明这种训练是有极大的好处的：它能够使交通事故发生的概率降低，能够让老年人保持更长时间的活跃性。

"有效视野"小并不仅仅局限于老年人。年幼的孩子同样也很难把周围的整个视觉世界记录下来。最近,通过对身边小事的观察,我才恍然大悟。我和我5岁的孩子决定到一个大型室内游乐场玩上一天,那里有一项非常棒的忍者训练游戏。游戏规定,你只要在视线范围内看到光,就要很快地按下按钮。令我吃惊的是,我儿子对于闪烁的灯光的反应速度居然那么慢。他好像要一盏灯一盏灯地研究,最后才知道哪盏灯是亮着的,而我却马上就能看得出来。我的反应速度比我儿子的要快5倍,我不是忍者。我后来发现,有不少科学研究都能支撑我的结论,这些研究表明孩子的"总观"(overview)广度要比成人小很多。后来我还发现,孩子们对于纳冯图中的小字母的反应速度比对于大字母的反应速度要快得多。这是一个很有用的信息,尤其是在你很难理解为什么泰迪熊明明就在你们家孩子眼皮底下的地板上,而他却偏偏找不到时!孩子们往往只见树木不见森林,在生活中也是如此。

当放射科医师寻找异常组织的时候,他们的"聚光灯"会变小,会把注意力全部聚焦于重要的区域,这就使得他们很容易错过扫描片子里隐藏着的"大猩猩"。这种现象被称为"无意视盲"(inattentional blindness),这是由没能把注意力放在一个特别的点上造成的视盲,而隐藏的物体实际上是显而易见的。

平视显示器(head-up display,HUD)现在越来越流行,比如,在航空业中。还有一种类似的设备,即头戴式显示器(head-mounted display,HMD),使用一副眼镜或头盔把驾驶员或飞行员的视野所及的信息投射出来。有了这样的显示设备,我们就不用把视线从道路或空中移开了。此类显示器的一个缺点是，由于忙于处理投射过来的信息，你可能顾此失彼，忽略了其他重要的输入信息。实验表明，即使是经验最为丰富的飞行员，即使他有数千小时的飞行经验，但是在进入模拟飞行器中演练的时候，飞行员一戴上平视显示器，居然还会忽略一整架飞机，而那架飞机就停在他眼前的跑道上！这类仪器的危险之处在于，在当时那个特定的关头，甚至在投射的信息其实并不是那么重要时，人们还是会为了兼顾跑道和投射的信息而分心。

这是否就意味着我们必须接受这样一种现实：我们总是会看不见我们身边发生的所有事情呢？不，并不一定是如此。有很多因素可以帮助我们减轻"无意视盲"。比如，经常打篮球的人就比较容易看到那个曾经名噪一时的视频中的大猩猩，因为他们并不需要把注意力放在计算传球的数量上。如果大猩猩的颜色和他们要监控的那支队伍的球员的衣服颜色是一样的，受试者发现大猩猩的次数就会增多。此时，无意视盲的水平就会有所下降，因为受试者要监控的物体和受试者要完成的任务的视觉特征是一致的。

不准确的证人证词往往是冤假错案的根源，有时人们将其称为"变化盲视"（change blindness），即变化正在发生之中，但由于别的事物的干扰，你分心了，即便有大变化也看不到。实验表明，受试者在看过一个关于入室抢劫的视频之后经常把某个人误认为是小偷，因为那个人刚好在视频中出现过。想象一下这样一个场景：你看到甲走进一家店铺，然后消失在满满一货架的盒子后面。这时乙从盒子后面冒了出来,从店里偷走了一些东西,接着你就把甲当成了小偷。其实这并没有什么奇怪之处。

你也可以自行设计一个变化盲视实验。拍一张起居室的照片,然后把椅子拿掉一张。在完全一样的地点再照一张照片,把两张照片都上传到你的电脑中,然后依次点开这两张照片,中间再隔着一个白色的屏幕,间隔的时间很短。你找一个人来看这两张照片,你会发现他要找出两者之间的区别是很困难的。但是,如果你在展示这两张照片时,中间没有隔着一个白色屏幕的话,他可能很快就会发现两者的区别,而且如果有所区别的是画面中特别有趣的部分,那么变化也是比较容易察觉的。比如,如果照片当中的那个人改变了姿势,那通常也是很容易就能够找出来的。在互联网上,你会发现许多关于变化盲视的例子。

变化盲视使得雨天行车要比晴天行车难得多。除了雨水会让你难以分辨其他道路使用者外,打在窗玻璃上的雨水和雨刷器也会导致干扰,这些干扰会使得你更难对交通状况发生的变化及时做出反应。

第三章 注意力之选：为什么我们在思考时喜欢注视白墙？

令人吃惊的是我们有时居然会错过一些变化。在一个特别著名的实验中，受试者被要求到柜台那里取一张表格。柜台后的那个人弯下腰去取表格，从视线中消失了一会儿。另一个人取而代之，站了起来，把表格递给了受试者。75%的受试者都没有注意到人换了。所以，下一次，如果你的宝贝走进一个房间之后，对你说道："嗯？你觉得怎么样？"你如果对他或她外表上的变化完全心中无数，你的宝贝也没必要觉得心情不好。

电影导演特别喜欢变化盲视。他们会想方设法创造出一种体验，这种体验会将观众代入到故事中去。为了达到这个目的，他们必须保证每一幕之间的过渡都非常流畅，这样的话，其中的变化才不会给观众一种突兀的感觉。比如，他们最不希望观众看到的是机位的变化。他们希望观众可以身临其境地去感受他们的电影，但是如果场景变化过于突兀的话，那么观众的体验感就会被破坏。你可能想不到，其实很多电影都是如此。通常每部好莱坞影片都要剪辑一两千次，这意味着每3至5秒就是一帧新画面。

人们为导演们制定了各种各样的规矩，认为只有这样，观影体验才不会被打断，才能够创造出一种流畅的观影体验。这就是人们所知道的"连续性剪辑法则"（continuity editing rule），业内每个导演和剪辑师对此都了然于心。在电影中要把机位的变化掩饰住是很困难的，因为它可不像本章涉及的那些小变动，机位一变就可能涉及整个画面的完全改变。电影导演们知道观众喜欢紧跟故事发展的主线，而不会刻意关注机位变化所带来的种种变化，所以导演们就很聪明地利用了这一点。其中一个法则就是 180 度法则（180-degree rule），这个法则说的是，如果用多台摄像机同时拍摄同一个场景的话，只有当机位形成 180 度角的时候，才会给观众带来愉悦而又连续的观影体验。这会使得同一个场景之中的物体会保持彼此相对的位置。想象一下，你正在观看两位主角对话的场景。只要两位主角在同一个画面中各占据一侧，那么机位发生变化就没有问题。这种设置一旦发生任何变化都会让观众感到困惑，甚至会打断他们的观影体验。

这也使得导演可以放大一个场景。许多场景都是以大场面开场的，然后再一步步地推进到戏份比较多的地方。这实际上起到了让观众身临其境的效果，但是，只有在场面的组成部分没有大变化时才不会让人感到突兀。观众一门心思只想紧跟故事的发展，所以他们通常不会把注意力放在发生的各种变化上。

这些法则究竟能否经受得住考验呢？相关研究很少。在为数不多的一项实验当中，人们请受试者在观影的过程中，把他们所注意到的机位变化——记录下来。研究结果表明，当不符合连续性剪辑法则时，观众往往更容易发现变化。而在对话之中发生的变化人们不容易察觉，因为观众正在忙于追对白，希望将其与整个故事情节搭配起来。

还有一些变化盲视法则也适用于电影制作。比如，在与大视觉场面（如大爆炸）同时出现时，人们往往很少会注意到变化，正如我们只要很快地呈现一下白色屏幕，就可能阻止受试者发现两个看似相同的画面之间存在的不同。

另一种常见的伎俩就是利用演员的视角。比如,在一个场景发生变化时,如果演员看着镜头之外的某个相关的物体,大多数观众都会忙于寻找演员正在看而他们却看不到的东西,比如驶入镜头的汽车。这样我们就容易在两个互相对视并正在交谈的演员之间进行切换。我们喜欢随着我们关注的那个人的视角而动,因为我们觉得他的注意力所在恰恰是最有趣的地方(我们姑且这么说吧)。

所以,无论我们是放射科医师,还是安检扫描仪操作员,还是电影导演,我们都必须面对这样一个事实,即我们只会触及我们的注意力专注的那个小小的世界。但是我们是如何引导我们的注意力的呢?我们是如何决定哪个东西值得我们进一步探寻呢?在下一章,我们将会看到,我们的内部世界和外部世界为了争夺我们的注意力进行了无休无止的斗争。请大家注意了!

第四章
帐篷究竟在哪儿:这个难题怎么破?

设想一下:这是你第一次参加英国格拉斯顿伯里音乐节(Glastonbury Festival)。你纵情舞蹈,彻夜未眠,太阳已经悄悄从地平线上探出了脑袋。你返回营地,打算补点觉。可是,问题来了:你忘了自己把帐篷搭哪儿了。其他13.5万名游客也会把帐篷搭在同一地点,这一点你自然清楚得很。可你信心十足,认为自己的记忆力不会在这一关键时刻辜负你。朋友们曾建议你下载个手机应用软件,这样即可轻而易举地定位帐篷,但你觉得根本用不着。现在你后悔当初不听好人言了。所幸,你还记得自己的帐篷是绿色的。你突发奇想,不妨爬上灯柱,获得更好的视野,扫视营地,寻找帐篷的踪影。

你发觉自己根本不知道把帐篷支在哪儿了——连大概方位也不清楚,所以你连从何看起也没了主意。但凡你对帐篷的位置有点儿模糊的印象,至少可以把精力集中在那片区域。然而,

事与愿违,你别无选择,只好搜寻整个营地。选择之一是从左到右进行搜寻,逐一确认每顶帐篷。假设营地上有 1000 顶帐篷,确认每顶帐篷是不是你的帐篷需要 1 秒钟,整个过程至多耗费 1000 秒。然而,这种方法效率不高,因为你已经掌握了有用信息——帐篷的颜色。当然,我们此时假设除了你的绿色帐篷外,营地上还有其他颜色的帐篷。

既然已知你的帐篷为绿色,你就可以忽略所有其他颜色的帐篷,单单搜寻绿色帐篷。此时你会采用何种策略呢?为了解答这一问题,我想,通过描述我们在实验室中如何研究视觉搜寻也许能获得一些启发。实验中,我们要求受试者在视觉环境中搜寻特定物体(目标物),这一视觉环境中同时包含了其他物体(分心物)。通常来说,受试者需要寻找"与众不同"的唯一物体,当他们从分心物之间找到这件独特物体时,就要按下按钮。从搜寻屏幕开始显现物体到受试者按下按钮,这段时间被称作反应时间。

请看图 4.1A 中的例子,图中展示的是一块搜寻屏幕,浅色帐篷是那个与众不同的物体,于是它成为此时的搜寻目标。该图中还有另外三个分心物。然而,你的注意力瞬间就被浅色帐篷吸引。这是因为颜色的差异带来了所谓的"弹出效应"(pop-out effect)。浅色帐篷轻而易举地"弹出"屏幕。你或许还没开始寻找,便立刻注意到了它。这就解释了绿色的圣诞老人在一群红色的助手中为何如此惹人注目。别具一格的圣诞老人根本不需要寻找,一眼就能瞧见。这样看来,我们的大脑似乎天生就会将注意力立刻集中到与周围世界不同的信息上。广告商常常能很好地利用这一规律(也令人极度反感),他们会在足球赛的广告栏上展示移动的物体(比如小狗)以博人眼球。

我们应该感到庆幸,并非所有物体都能如此迅速地引起我们的注意,否则,无论我们想集中精力做什么事情,都会变得困难重重。但是我们如何才能得知哪些物体会导致弹出效应呢?为了回答这个问题,我想邀请你一起穿越回我在荷兰乌得勒支大学给大一新生上过的一堂心理课。别担心,听完课后非但不用考试,而且还可能对你的日常生活有点帮助,能帮你搞懂我们这些科学家在解释一件物体是否会导致弹出效应的实验中用的到底是什么伎俩。我也需要用到从这些实验中获取的信息,从而才能在下文中进一步解释为什么人脸如此特别,为什么饥饿的人看到食物的图片时便自发被吸引,以及为什么蜘蛛常常成为焦虑者注意的焦点。

接下来请认真听讲,同学们。想象营地上只有一顶帐篷,这种情况下,你根本无须费力寻找,即刻便能看见你的帐篷。由此,你或许会得出结论:找到帐篷所需的时间与营地上帐篷的数量直接相关。这在多数情况下成立,但对于具有弹出效应的物体并不适用。请看图4.1B。竖轴代表受试者的反应时间,横轴代表屏幕上分心物的个数。我们让8名受试者在4种不同条件下(分别包含8、12、16、20个分心物)进行了30次搜寻。同时其中穿插了20次不含目标物的搜寻,以此确保受试者真正完成了搜寻过程,而不是当屏幕上一出现物体时就盲目按下按钮。我们计算受试者的平均反应时间,并以图表形式呈现。

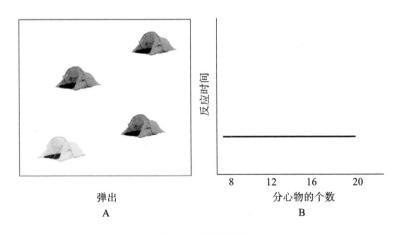

图4.1 弹出搜寻

在弹出效应中,反应时间不受分心物数量的影响。这就意味着,在4种不同情境中,反应时间相等。由图可知,无论分心

第四章　帐篷究竟在哪儿：这个难题怎么破？

物的数量是多少，搜寻函数的斜率始终为 0：无论深色帐篷有多少，你总能一眼认出自己的浅色帐篷。正因如此，假如你想在独立日的汹涌的人潮中找到自己的孩子，你就不该给他们穿红色或蓝色的衣服，而应选择绿色或橙色。当然，如果人人都这么想就另当别论了！

那么，为什么分心物的数量不会造成任何影响呢？我们都知道注意力对于辨识物体的重要性，而在弹出效应中，视觉系统能捕捉独特的基础构件，完全无须诉诸注意力。我们的大脑一开始对于要寻找的物体并没有确切的了解，但它确实知道存在着某个不同颜色或形状的物体。这就是为什么一件独特的物体不费吹灰之力就能吸引我们的注意力。

让我们暂且说回你的帐篷。非常可惜，因为它的颜色并无特别之处，所以它不可能带来弹出效应。当不存在弹出效应时，搜寻的结果又会如何？这种情况下，目标物不为唯一与众不同的基础构件（如特别的颜色）所定义，而是由不同的基础构件共同组合而成。请看图 4.2A，目标物独一无二，因为它是唯一的灰色字母 T——形状和颜色都与其他字母不同。图中还有其他的字母 T，但它们都是黑色的。图中也有其他的灰色字母，但没有一个是 T。因此，为了找到目标物，必须单独观察每个物体。你将注意力集中在一个物体上，将它与目标物进行比对，然后继续搜寻，直到确定目标。我们将这一过程称为"序列搜寻"（serial searching）。此时搜寻函数的斜率不再为 0，而是大概 50 毫秒（见图 4.2B）。这表示每增加一个分心物，反应时间便延长约 50

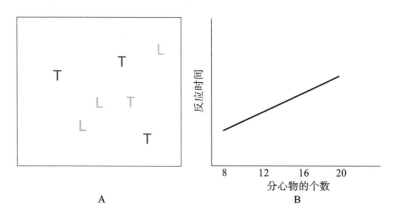

图 4.2 序列搜寻

毫秒。

由此可见,"弹出搜寻"(pop-out searching)["平行搜寻"(parallel searching)]和序列搜寻存在差异。与序列搜寻不同,弹出搜寻似乎是一种自发的过程,你的注意力会"不由自主地"被某物体吸引。但它真的是一个自发的过程吗?这个问题至关重要,因为如果答案是肯定的,那么当弹出效应发生时,我们对自身的注意力束手无策。这样说来,似乎我们全都成了注意力系统的奴隶,不过我们一定要认识到条件反射的重要性。从进化的角度来看,正在冲向你的狮子能立刻引起你的注意,这可是性命攸关的大事。

到目前为止,以上涉及的所有类型的搜寻都不能告诉我们究竟具有弹出效应的物体是否自发地吸引了我们的注意力,因为在上述搜寻中我们同时也在寻找与众不同的物体。该物体若真能抓住我们的注意力,我们自然喜闻乐见,因为它恰恰是我们正要寻找的。然而,要确认某种弹出效应究竟是不是条件反射,我们需要知道这个独特物体作为分心物而非作为目标物时会是怎样的情形。当你搜寻帐篷时,营地上突然驶来一辆救护车,会发生什么?你的注意力会不会不自觉地被救护车吸引?这个问题的答案在讲座的第二部分谈到过,当时我们讨论了我的博士生导师扬·泰乌斯(Jan Theeuwes)在阿姆斯特丹自由大学进行的一系列实验。在他的实验中,受试者需要在一组物体中找出形状不同于其他物体的那个物体(如图4.3所示,要在菱形中找出圆形)。实验中所有物体都是白色的。然而,半数的搜寻中都包含一个独特的分心物:此例中为灰色方形。这个分心物具有和其他分心物相同的形状,但它的颜色与其他分心物不同,这使得它一下子就能从屏幕上的各种图形中脱颖而出,与目标物也区分开来。众所周知,我们处理颜色相关信息比处理形状相关信息来得快。本例中,颜色不同的分心物比形状独特的目标物更为醒目。可是,既然你在努力搜寻形状独特的目标物,难道你不该做到忽略颜色这一令你分神的因素吗?

答案是否定的。假设不存在独特的分心物,则目标物的独特形状会导致弹出效应,即该形状能轻而易举地抓住你的眼球。然而,当颜色独特的分心物出现时,即便你没有刻意去注意它,完成搜寻所需的时间也会大大增加。哪怕事先知道画面中会加入颜色不同的分心物或知道不同的颜色是哪种,你依旧无法忽略它的存在。事实上,就算一连数小时进行反复搜寻,你也不可

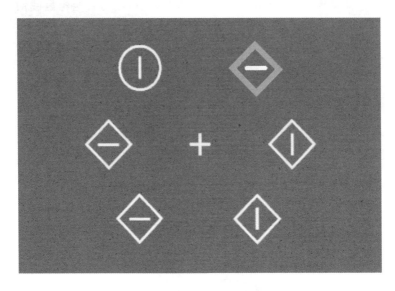

图 4.3 捕捉注意力

能无视不同的颜色。独特的颜色是如此醒目,它总是能引起你的注意。这意味着我们可以得出结论,具有弹出效应的物体对注意力的吸引是一个自发的过程,不受我们控制。我们体内的条件反射能自动对新的独特信息作出反应。这也解释了为什么在动物王国中,跟踪这一捕猎技巧能大获成功。擅长跟踪的捕食者不会引起猎物的注意,从而可以在其不知不觉中步步逼近。

吸引他人注意力的最佳方法是让物体突然映入眼帘。没有什么比新的物体更能刺激我们的注意力条件反射。至于我们为什么在进化中保留了这样的特点,其实很容易理解。突然出现的物体可能带来潜在的危险。同理,物体突然消失也很容易吸引我们的目光。在变化盲视实验中,在保证注意力不被分散的情况下，大变化(如物体的突然出现或消失)都会引人注意。

事到如今，想必你已明白物体的可感知性与弹出效应息息相关。醒目的物体常常在不经意间引起我们的注意。我们对物体的感知也是如此，物体自然而然吸引我们注意力的程度并非完全取决于周围的环境。因此，色彩鲜艳的物体会在不自觉间吸引我们的注意力，这绝非定论。起初你也许会觉得给你的新书设计一个色彩夺目的封面是个不错的主意，实不相瞒，我也尝试过，但当书架上摆满了五颜六色的图书时，这个办法可没什么好处。网页上闪烁的横幅广告无疑是吸引注意力的不二手段，但当此类横幅广告铺天盖地、视频短片也加入了"注意力争夺战"时，其效果也会大打折扣。有效的广告能适应环境的变化。聪明的注意力架构师会开发一种算法，从而预测网页的视觉特性，并据此对广告自动做出相应调整。

对于希望在对的时间、对的地点引起用户注意的设计师而言,他们尤其需要对上述条件加以考虑。以飞机驾驶舱为例,它之所以装有指示灯就是为了吸引飞行员的注意力。原因很简单:闪烁的指示灯能保证飞行员注意到重要信息。然而,问题在于,驾驶舱内有众多闪烁的指示灯,由于视觉负担过重,飞行员有时会错过重要的视觉信息。研究表明,在驾驶舱或其他类似复杂环境中,对于夺人眼球的物体来说,其所处情形对其能否成功吸引人们的注意力至关重要。当自动驾驶飞机出现异常情况时,绿色指示灯闪烁,但如果周围还有许多其他绿色指示灯,它就很容易遭到忽视,但如果情形改变,闪烁的绿色指示灯就可以出色地完成使命。

在许多情况下,关于何种醒目物体会引起注意,我们几乎完全无法控制,但我们能对注意力的另一方面,即注意力从一个物体上移开［也称为"解除"(disengagement)］的快慢,施加一定影响。当你将注意力集中于空间中某个特定的点时,地点发生变换后你依然能看到这个点,前提条件是你能首先将自己的注意力从第一次看到的点上解除出来。人们常常混淆"解除注意"所需的时间与"引起注意"所需的时间。例如,在荷兰,某主干道上的广告牌因展示过女性臀部的图片而臭名昭著,大多数人对此都不陌生。这则广告出现后,掀起了轩然大波,因为人们担心(男)驾驶员会因此而受到干扰。这种担忧也许不无道理,但潜在的干扰不是由于这种特殊形式的广告比竞选广告更能强有力地引起人们的注意,因为竞选广告无非就是干巴巴的一句口号罢了。女性臀部不包含任何能自发吸引注意力的重要视觉基础构件，其颜色和形状丝毫不会比竞选口号更加惹眼。男驾驶员之所以分神，是因为他们的注意力难以从此类广告中及时解除。以上两种广告都能在很大程度上吸引驾驶员的目光（想象一下，漆黑的夜里，你在主干道上驾驶，一块耀眼夺目的广告牌映入眼帘），但是，一旦男驾驶员看出广告牌上的是女性的臀部，要想解除注意可能就会变得困难重重。直到驾驶员的注意力真正回到驾驶上，女性臀部的图像才会从其视觉系统中消失不见。

信息的顺利传递取决于两种因素的综合作用。首先，确保信息能通过视觉基础构件引起他人注意。其次，进一步确保信息所在的位置能一直牢牢抓住对方的眼球。就第一种因素而言，我们也许能够归纳出一些普遍的规律（本书也致力于进行这一尝试），而第二种因素则涉及了心理学领域中一个截然不同的问题：人们对什么感兴趣？在这一问题上，个体差异起到了极为重要的作用。毕竟，不是所有人都会因为看见女性臀部而兴奋不已。市场调查者和广告公司在这方面可谓游刃有余：他们对如何吸引并保持目标受众的注意力了如指掌。他们还知道这样一个事实：对于那些对女性臀部完全不感兴趣的群体而言，在广告中使用这一图像是徒劳的。读者朋友，若你恰好是对女性臀部不感兴趣的一员，本人在此保证：我再也不会在本书中提到它了。

假设你害怕蜘蛛，那么你的注意力会不会不由自主地被蜘蛛吸引？在过去几年间，为了确定何种物体能自发地引起我们的注意，相关研究的数量出现了爆发式的增长。这一切都因一个关于面部特征的研究而起，该研究证明了人脸具有独特的地位，甚至能带来弹出效应，如同颜色、形状一样。该研究表明，我们的注意力之所以自发地受到人脸的吸引，是因为我们认为人脸具备社会刺激因素。但真是这么回事儿吗？

前面学到的知识现在就可以派上用场了。我们已经明了，为了确定物体是否具有弹出效应，必须改变分心物的数量，从而观察受试者所需反应时间的变化。此时我们需要受试者找出的物体为人脸。此类实验证明了人脸确实具有弹出效应，如此一来，我们似乎有理由好好庆祝一番，因为这可是一则美妙绝伦的进化故事，主流媒体势必会竞相报道（想想这头条："独一无二的脸！"）。最后的最后，咱们的注意力科学家在派对上便有了大肆吹牛的资本，不用再像平日一样展开对基础构件如颜色、形状等的抨击。

然而，我们应该保持谨慎，切莫高兴太早。毕竟，我们如何能确定人脸的特别地位仅仅是社会意义带来的呢？单单依靠颜色和形状难道不能解释人脸的弹出效应吗？想象一下这样的情境，人脸作为一种独特物体，四周被许多灰色的方块包围。人脸有其自身的颜色，但同时也由不同的形状构成，包括一个三角形（鼻子）、两个圆形（眼睛）。人脸的弹出效应也有可能单纯是因为其具有各种独特的视觉特征，而这些特征是分心物所不具备的。如此看来，作为进化产物的人脸所具有的弹出效应似乎与进化无关，而基础构件的独特组合方式能对其做出恰如其分的解释。

运用基础构件解释人脸的弹出效应似乎有些乏味,不过幸运的是,我们已经设计出一系列巧妙的方法,这些方法能够检验该解释的正确性。方法之一是呈现与人脸具有相同基础构件的分心物,唯一的差异在于这些基础构件的组合方式不同。如果嘴巴在上、眼睛在下,它们便无法构成完整的人脸。然而,这一图形仍然与人脸具有相同的视觉特征,也同样具有弹出效应。那么也许我们还是有资格庆祝一番。

但是,如此种种和蜘蛛又有什么关系?蜘蛛也能自发地吸引我们的注意力,对于害怕这种小生物的人尤其如此。我们的注意力会不自觉地被颜色、形状、人脸吸引,而蜘蛛对注意力的吸引则因人而异。只有那些惧怕蜘蛛的人——蜘蛛恐惧症患者——拥有一种特别的探测机制,能从周围环境中自动识别蜘蛛,甚至用不着把注意力分配给蜘蛛。如果这是为了人类的进化而发明出来的一种系统,我们不得不提出疑问:为什么蜘蛛对一些人会产生这样的影响,而对另一些人则不会? 一个有趣的理论试图解答这一问题:天生焦虑的人,总是不断地在周围环境中搜寻可能带有危险性的物体,尽管有时没必要这么做。正因如此,在相对安全的环境(如实验室)中,这些人对于危险物体的反应更迅速。不同于焦虑程度更低的人,他们的特殊探测机制永远处在"开启"状态。在遥远的过去,这种机制可能对人类大有裨益,而在现代社会中,它就几乎一无是处了。更有甚者,有些科学家认为,该机制也许有负面影响。和焦虑症患者一样,担惊受怕者始终处于戒备状态。在他们眼中，世界是个危险之地，需要他们付出注意力中的很大一部分来时刻对环境进行监控。又由于受恐惧支配，他们难以镇定、专注地完成任务，从而导致了种种不良后果。

当然，在真正有危险的情况下，类似上文中提到的探测机制会大有帮助。例如，如果某个物体会造成痛苦，我们会因为它自动地吸引了我们的注意力而欣喜。假如在实验中向没有焦虑症的受试者展示某件不带电荷的物体（比如红色圆圈），但告知受试者该物体会产生电击，随后受试者的注意力便会不自觉地被红色圆圈吸引，在接下来的所有搜寻实验中皆是如此，即便一段时间内电击都没有发生。

弹出效应似乎不仅仅可以由唯一不同的基础构件引发，而且可以由极端复杂的物体引发。例如，我们知道，装着食物的餐盘会自动吸引饥饿者的注意力。视觉系统天生就会以你的兴趣为前提来观察周围的世界——无论是饥肠辘辘的人看到的美食也好，还是蜘蛛恐惧症患者看到的蜘蛛也罢。我们都知道在饥饿的时候集中注意力有多么困难。这不仅是因为你的身体将注意力放在了饥饿上，也是因为你会开始探索四周，寻觅食物。就我个人而言，每当我在聚会上感到饥饿时，我就发觉自己实在难以专心倾听对方说了些什么，而是感觉游走于房间内的一盘盘美食都在向我招手。

并非所有复杂的物体都能自发地吸引人们的注意力。诚然，人脸能自发引起我们的注意，但你的脸和他人的脸所具有的

弹出效应别无二致。在吸引注意力方面,你的脸和他人的脸完全没有差别。然而,差异确实存在,即它们从你的注意力中解除出来的难易程度是不同的:你自己的脸蛋对你来说很有趣,常常会"牢牢抓住"你的注意力。当然,这也可以归结于"惊喜效应":除了在镜子里,我们几乎看不到自己的脸蛋,我们当然不愿意在实验室内看到它。我并未将你的脸蛋在进化过程中保留了强烈的弹出效应视为一种优势。毕竟,你不会经常跟自己打照面,世界上的另一个"你"也不会造成任何真正的威胁。或者这只不过是一种让我们自动发现并防止撞上镜子的机制。

我又扯远了,是时候言归正传,回到格拉斯顿伯里了。你还在灯柱上,寻找着自己的绿色帐篷,你实在太渴望能睡上一会儿了。知道颜色对找到帐篷有帮助吗?有的。如果你知道自己要找的物体是绿色的,你就能专注于所有绿色的物体,一个个排查过去,看看哪个才是你要找的。这种情况下,搜寻时间不会受到颜色不同的分心物的影响。我应该补充一下,该结论是基于这种绿色和其他帐篷的颜色存在足够的区别。如果同时有许多和你的帐篷颜色太过接近的其他绿色帐篷,你的搜寻效率就会降低。因此,为了让这个例子好好发挥作用,我们假设所有不同颜色的帐篷都相当容易区分。

搜寻营地的过程中,你会"有意"地把注意力从一个点转移到下一个点。此处的"有意"一词代表你可以自主选择转移注意力的时间及方式。例如,当你得知某个特定地点将有大事发生时,你就会有意转移自己的注意力。假设此时你正在灯柱上张望,朋友给你来电,他告诉你他正在洗手间刷牙,他出来后就把你领回帐篷。你发现了朋友所说的那个建筑,从而你的注意力就转移到了洗手间的大门上。你双眼注视着那里,希望朋友一出来你就能看到他,这样才能确保他不会在你眼皮底下溜走。

从实验可知,当物体出现在我们注意力所集中的范围内时,我们能更迅速、更高效地对其进行处理。在其中一项实验中,受

试者需要观察十字光标，光标两侧各有一个正方形。受试者得知，目标物（如一个圆圈）可能出现在任一正方形中，他们的任务是当圆圈出现时，用最快的速度按下按钮。就在目标物出现前，一个箭头被投影到了十字光标上。该箭头可能指向左边，也可能指向右边。在75%的情况下箭头准确指示了圆圈所在的正方形的方向，在另外25%的情况下，目标物所在位置与箭头指示方向相反。受试者可以选择忽视这条信息，将注意力完全集中于十字光标。然而，如果受试者想在实验中通过优异表现获得奖励，或只是想尽快结束实验回到家中，他们利用箭头把注意力转移到目标物出现位置的概率最高。通过观察实验结果可以得知，当目标物出现在箭头指示方向时，受试者按下按钮的速度更快。

这种注意力转移被称为"线索效应"（cueing）：注意力因外界信息而转移。当某人在熟悉的大楼里寻找洗手间时，他也会不自觉地跟随着指向洗手间的箭头前行。这便是我们所说的"自愿线索效应"（voluntary cueing）的例子，就像那些受试者本可以选择忽视箭头（即"线索"）。但是，弹出效应实验向我们展示了我们的注意力也能在我们不情愿的情况下被吸引。如果想研究注意力的自发转移，我们需要某种受试者无法忽视的线索。在上述案例中，通过一个简单的方法就能实现在目标物出现前，点亮其中一个正方形。受试者的注意力会不自觉地转移到那个正方形上，就和弹出效应一样。为了确保注意力的转移是完全自发的，线索一定不能向受试者提供任何关于目标物出现位置的信息。箭头为受试者提示目标物出现位置的正确率高达75%，而自发性线索（automatic cue）对结果的预测只有50%的正确率。这意味着受试者不会把线索当作转移注意力的依据了。既然线索不能帮助他们完成任务，自愿遵循线索的提示便毫无意义。

我们的注意力系统时刻留意着新信息。它利用一种机制，追踪我们的注意力所在且不含任何新信息的位置。换言之，注意力是个令人捉摸不定、没有耐心的家伙。举例来说，自发性线索的弹出效应会让我们几乎毫不犹豫地转移注意力，所花时间常在100毫秒以内。这和条件反射的速度不相上下：你通过眼角看到某件事后，会以最快速度转移注意力，去搞清楚究竟发生了什么。在自发吸引你注意力的位置进行的快速处理并不会持续很久。如果线索出现与目标物出现的间隔超过200毫秒，则线索所在地的快速处理过程已经结束。实际上，你对线索所在地的视觉信息的后续反应会减缓。这是由于你的注意力已经"一去不返"。这非常高效，因为把注意力继续停留在某个没啥好看的物体上是没有意义的。这个位置上的注意力受到抑制，这就是为什么把我们的注意力切换回线索所在位置需要更长时间。

经证实，在日常生活中，当不存在目标物时，针对某一位置的注意力抑制十分有用。打个比方，如果我们的注意力被一束光线所吸引，但光源处却没有对我们而言重要的信息，那么再次将注意力转移向光源就没什么意义了。最好的方法就是忽略它。在自发注意力转移的基础上,抑制某个特定位置可以让我们更加高效地对宝贵的注意力进行分配。

你可能会认为,只有当某物体突然在眼角出现或发生变化时,你的注意力才会被其吸引。但事实并非如此。在一些情况下,我们的注意力会自动被屏幕中央出现的某个物体所吸引。稍微暂停一会儿,思考一下该物体可能是什么,或许会对你有所帮助:屏幕中的物体在你眼前呈现出何种视觉信息,会使得你的注意力自发转移(即你不用进行任何干预)到不同的地点?

最广为人知的例子就是图 4.4 中的那些眼睛望向不同方向的面部。在实验中常常使用脸部的简略图以确保性别因素和面部特征不会影响实验结果。脸望向左边时,你的注意力会自发被吸引到左边。尽管面部线索无法预测实验中目标物出现的位置,你还是会自发地将注意力转向脸部注视的方向(见"注释"部分)。原因非常简单:以进化的眼光来看,将注意力转移到别人正在注视的地方,有些时候对我们很重要。他们可能嗅到了危险的讯息,我们也希望能对潜在的威胁做出尽可能迅速的反应。

图 4.4　面部线索

在设计网页和商业广告时,注意力架构师们欣然运用此类知识。我们从弹出效应的研究中可知,人脸能自发抓住我们的注意力。知道了这一结论,再结合观众的注意力总是随人脸所视的方向改变,要想操控观众的注意力就易如反掌了。举个例子,如果你想把受试者的注意力吸引到某个特定的品牌标志上,你可以插入望向该标志的一张脸。然而,人脸也可能给信息传递带来负面影响。在许多电视节目(如晚间新闻)中,人脸常常在背景中出现。它们会吸引观众的注意力,从而导致观众的注意力离开新闻播报人。当背景中的人脸望向其他地方时,干扰可能更严重。因此,选择恰当的时间在背景中插入人脸、确保人脸注视着需要人们集中注意力的方位,显得尤为重要。

因具有强烈的社会属性,这种注意力又被称为"社会性注意"(social attention)。要想明白别人的眼球运动(向左或向右移动)有何含义,你必须能和他人产生关联。这在仅仅三个月的婴儿身上都可窥见一斑。该结论得到了进一步证实:面部线索对于患有自闭症的儿童来说并不奏效——他们的注意力不会因面部线索的方向而转移。这是因为这些儿童无法和他人产生关联,他们无法理解当一个人目光方向改变时可能意味着他透过眼角发现了某些重要事物。在自闭症儿童身上的这一发现具有重大意义。这或许可以解释为什么成年男性对面部线索的反应不如成年女性强烈。研究表明,通常来说,男性展现出更多与自闭症相关的特质。

在下列面部线索中,表情也占据一席之地。荷兰乌得勒支大学的戴维·特伯格(David Terburg)和他的同事们就表情如何影响面部线索开展了广泛研究。他们已经证实,相较于表情喜悦的脸，受试者更倾向于追随表情恐惧的人脸所注视的方向。看到充满恐惧的人脸时，我们会产生以这种面部线索为导向来转移自身注意力的强烈欲望，这是由于我们认为他人的恐惧和他们看到的东西有关，不管那个东西是什么。这又进一步证实了对于面部线索的追随确是在进化过程中演化而来，它与我们察觉危险的能力息息相关。

这还没完呢。甚至有一项研究揭示了在人们对面部线索的追随中政治倾向所起的作用。研究结果表明，相较于支持左翼的人，支持右翼的人们的个体意识更强，因而更不容易受他人影响。该研究在美国进行，参与者为偏好保守党或自由党的选民。结果表明，思想开放的自由党拥护者们受面部线索的影响要大得多。如此看来，似乎独立思考让人更不愿人云亦云。此后的研究进一步表明，当受试者看到"左翼分子"的图像时，他们的注意力会不自觉地移至左侧。看到某人的脸会刺激我们对于此人在空间位置上的联想：当我们看到左翼分子时，我们视觉世界的左半部分受到刺激。正因为该过程在悄然间发生，所以为客观的图像研究开辟了有趣的途径。

此类研究妙趣横生，同样也有其现实意义。它们对我们理解信息的方式进行了丰富的展示。当受试者接收到朗读如"高楼大厦"这类的词语的指令时，他们处理词语的方式会使得他们的注意力实实在在地向上移动。这表示我们对此类词语的理解是通过刺激空间联想实现的。关于这种联想对于理解此类词语究竟是必不可少，还是仅仅是一种副作用，目前尚无定论，不过它确实展示了我们对于信息的内在处理和外部世界是密不可分的。

还有一个关于此类空间处理的绝佳案例是数字线索的效应。看到数字"1",人们的注意力会自发转移到左边,而看到数字"9",人们的注意力会自发转移到右边。在实验中,数字只是在屏幕中央加以显示,受试者不需要对其做出任何反应,此后,位于左侧或右侧的目标物出现。似乎我们会将数字"1"和"左"联系在一起。这是由数字在大脑中的呈现方式,即我们的"心理数轴"导致的。当需要列出一串数字时,在西方国家,人们通常采取从左到右的方式。此处我特意使用了"通常"一词,因为有些人反其道而行之。例如,一些人会将1写在最上方,9写在最下方(此时数字效应的运行方向为自上而下)。当我们看到一个数字时,我们会立即对它进行处理。处理过程包括刺激心理数轴的所在位置,进而我们的注意力被转移到现实空间中与心理数轴所在位置相吻合的地点。

此类有关数字的实验之所以特殊，是因为注意力转移在不需要任何数字参与的情况下依然会发生。对于其他需要进行空间排序（如一个礼拜的每一天、一年内的每个月、字母表中的字母）的类别而言，只有当受试者被要求使用这些文字完成指定任务时，注意力转移才会发生。例如，如果你问及别人星期一是一周的开端还是结束时，他们的注意力会自发地转移向左侧，而仅仅让他们朗读"星期一"时这种转移并不会发生。

即使是上述的"有意注意"转移案例中提到的箭头也并不完全是自愿线索。我们在生活中见到过太多太多的箭头，以至于箭头的图案只能激起微弱的自发性注意力转移。哪怕是任意物体（如圆圈），如果在相当长的一段时间里，它都准确指示了目标物通常都出现在左侧的趋势，它就会将我们的注意力自发地转移到左侧。我们的大脑是一种学习系统，它会不断地尝试在周围的世界中发掘规律性。

注意力的转移涵盖了一种复杂的相互作用，该作用存在于探测外部世界潜在威胁的能力和顺利进行日常活动的需求之间。一直以来，我们的注意力或是被这个方向吸引，或是被那个方向吸引，不同的空间联想能帮助我们理解周围的世界。在格拉斯顿伯里找到帐篷绝非易事，但你对帐篷的颜色、形状、位置了解得越详尽，你就能越快地找到它。最快速的方法莫过于你的帐篷周边发生了某些事情，从而自发地吸引了你的注意力。帐篷上的一束光、一面旗都能帮你进行定位。但如果没有这些物品，你可能得在寻找中度过漫漫长夜。

第五章
通往视觉世界的门户：眼睛是如何出卖思想的？

荷兰政府最近推出了一个安全驾驶宣传活动，为此政府专门在电视上投放了一则广告：广告中有一位男士驾车行驶在闹市街头，他的头伴随着交通广播中的雷鬼音乐的节奏上下舞动着。每次低头时，他都会看一下车速里程表；抬头时，他的目光便投向了大马路。接着，我们看到他停下车来，让行人通过。画外音对他的驾驶习惯大加赞赏："很好！你越经常查看车速是否在城区限速之内，你就越不容易超速！"

宣传活动的目的在于鼓励驾驶员在城区行车时要注意检查车速。该宣传片还向观众传递了这样一个信息：城区限速为15千米/时，每年超速行车导致至少10名行人和骑行者死于非命；另有200人因此严重受伤，需要住院治疗。由于在这些事故之中，许多驾驶员并不知道自己的车速有多快，所以政府竭尽所能，希望驾驶员能时刻关注自己的车速。

该宣传活动的官网称,在限速 30 千米/时的路段行车速度如果达到了 35 千米/时,那么,在踩了刹车之后,车辆还会滑出 3.2 米才会停下来。但是,如果你经常检查车速里程表并适时调整车速的话,那么你就用不着额外的刹车距离了。虽然该宣传活动很赞,但是它并没有把一个重要的因素考虑在内,即检查车速里程表所需的时间。从前几章的内容可以知晓,如果眼睛没有移到车速里程表上,你是无法处理车速信息的;用眼角的余光是做不到这一点的。所以,为了能够经常查看车速,你的眼睛就必须经常从道路上移到车速里程表上。这样问题就来了:这安全吗?我们在移动眼球的时候是无法记录任何视觉信息的,所以在移动眼球的时候,其实我们对于外部的世界基本上就是视而不见。不仅检查车速里程表需要移动眼球,而且此举会使你把宝贵的时间浪费在处理设备信息之上,并且你在忙于这么做的时候,忽略外部世界重要信息的风险就会增加。

好吧,我们来计算一下:检查车速要求你把眼睛移到车速里程表上,接收信息,然后再把眼睛移回到大马路上。我们知道要做一个较大的眼球运动需要 120 微秒,你需要做两次这样的移动:一次是把眼睛移到车速里程表上,另一次是把眼睛移到大马路上。我们还必须把处理车速里程表上的信息的时间加上去:大约为 110 微秒。所以,整个过程需要 350 微秒,时速是 30 千米时相当于 2.9 米,时速是 35 千米时相当于 3.4 米。如果在你开始把眼睛移向车速里程表时刚好有人穿越马路的话,哪怕你是按限速行驶的,你仍需要多行驶 2.9 米才能把车子停下来。

政府的安全宣传活动很容易就会适得其反。如果平时一般不会超速行驶的驾驶员了解了这一信息之后，真的经常检查车速里程表的话，那么其造成的危害比超速行驶可能更严重。如此看来，如果驾驶员能把眼睛一直保持在路面上，只是偶尔查看一下车速里程表，似乎要安全很多。在这种情形下，似乎听觉信息就更有用了。在行车时，我们的视觉系统会忙于将注意力放在观察其他道路使用者正在做什么上，此时，如果我们可以用其他感官来处理其他重要的信息，或许会更加高效。我们的眼睛正在忙于其他事情时，我们完全可以完美地接收和消化听觉信号。但是，如果我们忙于打电话，那就有所不同了，因为那要求我们进行思考。如果我们一超速就会激活一个简单的听觉信号就好了，因为这已经足以让我们慢下车速，而不会以视觉处理过程造成的时间损失为代价。

在谈论眼球运动的章节，以眼球运动可能导致的问题为开篇似乎有些奇怪。眼球运动主要用于解决眼角缺乏视觉敏锐度的问题。我们每天都要进行数千次眼球运动，目的就是要把视网膜最敏锐的部分聚焦于外部视觉世界的物体之上。要以令人难以置信的速度做到这一点，我们就必须调动 6 块肌肉。眼球运动是人类可以做到的最快的运动之一。其速度之快令人难以置信，因为视觉信息会在瞬间变得与我们息息相关。比如，我们想尽快地知道，道路另一侧某个模糊的移动的物体到底是一个准备过马路的小孩，还是一面在风中飘扬的旗帜。速度也是必需的，因为我们在移动眼球时是无法处理视觉信息的。

眼球运动的强度和眼睛停留的时间长度仍然取决于要进行的任务。我们在阅读的时候,通常只需要做小小的眼球运动(长度为 8 至 9 个字母),但是我们欣赏一幅画的时候,眼球运动的强度就得增加一倍。复杂的搜寻工作会占用我们的眼睛更长时间,比如,在垃圾收集日那天,我们要在街上所有的垃圾桶中找到自己的垃圾桶。在这种情形下,我们就算最后连续几次把视线锁定在自己的垃圾桶上,但是也可能因为视线停留的时间不够长,导致我们无法识别它。

虽然我们每 3 秒就会进行一次眼球运动,但是并没有人抱怨说会因此感到筋疲力尽。我们是在不知不觉中不费吹灰之力就完成了这一任务。我们确实对于眼球运动的方式和位置有一定的控制力,但是我们的眼球运动大多是反射性活动。这可以从所需的反应时间推算出来。在某些情况下,只需要不到 100 微秒的时间我们的眼睛就会转向闪光的方向。因为时间过短,任何一个人都不能在客观的情况下或刻意的情况下做出有意识的决定。你可以自行计算一下:从光落到视网膜的那个瞬间算起,经过视神经,该信息大约需要 50 微秒才能到达视觉系统。如果再减去肌肉运动所需的 30 微秒,你只剩下 20 微秒可以做决定了。这种眼球运动是一种无法控制的反射性活动,是由大脑的原始区域执行的。负责更为复杂的技能(如设定个人目标)的大脑区域往往过于缓慢,无法对该过程施加影响。

虽然我们有两只眼睛,但是我们一次只能将目光锁定在一个点上,这会导致产生很多情形下的各种问题,恋爱也不例外。

我第一次试着深情地望着一个女孩的眼睛时,很快就发现我根本做不到。我们无法同时深情地注视着两只眼睛,所以我们得选择要么用这只眼,要么用那只眼。另一种方式和用两只眼睛同时注视算是比较接近的,那就是飞快地在两只眼睛之间来回切换注视点。不幸的是,我们的眼角没有那种敏锐的聚焦能力,可以让我们在两只眼睛之间找到一个专注的注视点的同时,还可以清晰地看到两只眼睛。"我每一次注视你的眼睛时都会感到紧张万分……"这句话听起来并不是那么浪漫,但是从科学上来说是准确的。

眼睛持续运动为我们的视觉系统提供了各种各样的有趣的问题。如果你想看一下落在我们的视网膜上的真实影像,你就会发现,它们看起来可能是模糊的、抖动的,这是眼球运动造成

的。每只眼球的运动都是由视觉世界投射到视网膜上的一个独立的部分负责的。但是,我们在体验我们的视觉世界时,不是把我们的视觉世界当成了一系列连续切换的影像,而是当成了连续的、流动的影像。我们从来不会因为眼球的运动而迷失方向。

视网膜表征(投射到视网膜上的影像)与空间表征(物体与你身体的相对位置)之间是有区别的。考虑一下图 5.1 中的这个例子。在左图中,叉子是在人的右手边。他正在看叉子左边的一个点,所以叉子显示在其右边的视野里。

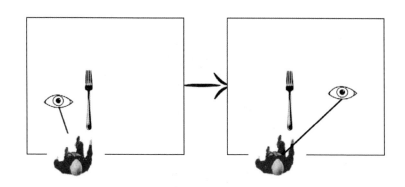

图 5.1　眼球运动

当他把眼球移动到空间中的一个不同的点之后,落在视网膜上的影像就发生了变化。但是,他周围世界的影像是保持稳定的。如果他把眼球移向右边,叉子就会出现在他的左视野里。他知道叉子仍然是原来的叉子,尽管已经有所变化。虽然叉子的(空间)位置不会由于眼球运动而发生变化,但是视网膜表征(即落在视网膜上的叉子影像)发生了变化。

在每一次眼球运动之后,我们通常会准确地知道重要物体的位置。在每一次运动之后,我们都会更新物体的视觉表征,所以,叉子在每一次眼球运动之后仍然是同样的物体。为了提供便利,视觉系统需要知道每一次眼球运动的强度。做出一定强度的运动之后,同样强度的更新也必须随之做出。对于猴子大脑的研究表明,在每一次眼球运动之前,同样强度的更新都会发生。大脑中似乎有一张地图,不论我们朝哪里看,它都可以帮助我们确定重要物体与我们的相对位置。

当然,我们在每一次眼球运动之后也会更新我们身边的每一个物体的表征。要进行如此复杂的计算需要花费太多的时间和精力。我们只有在面对最重要的物体——最多四个——时才会这么做。这主要是因为我们会把视觉世界当作是一种外接硬盘。考虑到在任何一个给定的时刻,我们只能表征我们内部世界的为数不多的物体,我们在移动眼球时考虑的也只有这些物体。比如,桌上摆着八套餐具,每一次眼球运动之后,我们是无法知道每把刀的确切位置的。

在记忆信号中也有类似的更新过程。在寻找某个东西的过程中,为了了解你已经查找过的地方,你必须把这些地方记下来,否则最后你只会在同一个地方找了又找。我们已经看到,我们会抑制注意力,以避免在同一个地方找上两遍。在每一次眼球运动之后,已经查找过的地方被投射到了视网膜的不同部分。所以,如果你希望记住你都找过哪些地方了,你必须更新这些部分。但是,这个过程也是有自己的局限性的,因为你只能回想起自己此前已经查找过的为数不多的几个地方。其中一种解决方案就是要让你的搜寻具有条理性。比如，如果你知道自己会经常到书柜里查找，会从左上方一直找到右下方，那么你所需要做的就是记住这一策略。这就是为什么随意查找通常效率低下：你永远都记不住自己已经查找过的每个角落。

眼球运动系统的另一个局限性是在任何一个给定的时间点，我们可以进行的眼球运动的次数只有一次。这意味着决定每次眼球运动的方向的决策过程是持续的。这一过程与内外部世界争夺我们的注意力之战是非常相似的。外部世界的视觉信息会迫使我们在该信息的基础之上进行眼球运动。如果我们从眼角看到了闪光，我们就会自然而然地往那个方向进行眼球运动。但是，在许多情形之下，我们会抑制住自己，不让自己把目光投向那个方向。用来显示这一点的最基本的实验是"反向眼跳任务"。在这一实验中，受试者被要求看着电脑屏幕中央的一个固定的点。屏幕的其他地方是空白的。在很短的间隔时间之后，一个物体（比如球）出现在了那个固定的点的右手边或者左手边。在这个实验之中，有两个可能的任务，固定的点的颜色会告诉受试者要执行什么样的任务。固定的点是绿色时，受试者就要尽快朝球的方向移动目光。这通常不会有什么问题。

但是，固定的点变成红色时，问题就出现了。在该任务中，受试者需要把眼球转向另一边，即与球出现的方向相反的方向（即"反向眼跳"）。受试者往往会做错，会把目光转向球那一边。有一点很重要，那就是在相反的方面并没有任何视觉信息。所

第五章 通往视觉世界的门户:眼睛是如何出卖思想的?

以,受试者是要把目光转向一个空点上。眼球运动是完全由内部世界指挥的,即任务指令。一般说来,我们在执行这种眼球运动方面是很在行的,除了在以下的情形之中,即自动的目光移动与把目光移向球的方向的条件反射式的移动之间是存在竞争的。球是一个很突出的物体,因为这是一个新的物体,它所出现的点此前并没有任何视觉信息。这会导致强烈的注意力转移,即将注意力转向球,进而会导致条件反射式的眼球运动,将目光投向球的方向。由于我们每次只会进行一次眼球运动,所以两种运动之间的竞争需要予以解决。应该阻止目光投向球的方向的眼球运动,为了成功地做到这一点,我们必须对我们的眼球运动有一定的控制力。但是,这并非一定能完成。年轻、健康的受试者在完成这个反向眼跳任务时,有大约15%的时候是错误的。在这15%的错误情况下,目光投向球的方向的眼球运动没有受到太多阻碍,因此条件反射式的眼球运动异军突起,成了获胜者。

这些错误的条件反射式特点在眼球的反应时间中也很明显。一旦出错,眼球运动的反应时间通常非常短,所以我们总觉得那是一种反射式的行为(下意识的行为)。另一方面,将目光投向空白点并做出正确的眼球运动时,反应时间就相对长很多。阻止条件反射式的眼球运动需要时间,而此类运动是在认知因素的基础之上做出的,比如任务说明,所以这些运动启动的速度往往会相对更慢,因为我们大脑中的认知控制系统比我们的条件反射系统要慢得多。

进行自愿眼球运动（voluntary eye movement）的认知控制系统主要位于大脑前皮层。该区域受损的患者在完成反向眼跳任务时犯错误的次数更多。年长者和年幼者在完成此项任务时，犯的错误也更多，因为他们的认知控制水平较低。这就是为什么反向眼跳任务往往会被用于确认精神障碍患者的认知控制水平。比如，相比于没有患有该障碍的同龄儿童，患有注意缺陷多动障碍的儿童在完成本任务时会犯更多错误。他们更容易冲动，而这也会反映在反射性眼球运动中。同时这也向我们揭示了这些儿童是如何体验其视觉世界的：当他们被要求完成一项任务时，他们往往会因为视觉外部世界中的某个意想不到的事件而分心。

培训对于人们限制多余眼动的能力会有积极的影响。接受过几天关于如何执行反向眼跳任务培训的受试者的犯错率降低了。但是，尚不明确的是，这种进步是否会迁移至正常的、日常情形中控制个人眼动的能力上。此类实验的结果往往会导致某些领域能力的提升，但是这些提升往往与实验室之外的生活并无多大的关系。比如，你在记忆你是否要执行一个正向眼跳任务或反向眼跳任务方面可能会做得更好，但是，这一知识在外部世界中并无多大的用处。有一个实验旨在研究运动员在执行反向眼跳任务时成绩是否会高出平均水平。结果发现事实并非如此，职业运动员犯错的概率其实和普通受试者一样。虽然他们在反向眼跳任务中看起来反应时间更短，但是他们对于自己的条件反射并没有更大的控制力。

加强对条件反射的控制的一种可能途径是创设情境,使身体产生更多的多巴胺。多巴胺在强化认知控制方面起到重要的作用,你可以将其作用于你的条件反射上。如果你让一组受试者先观看一部搞笑的电影,事后他们在做反向眼跳任务时的表现会更佳。其背后的原理是好的心境可以提升大脑中多巴胺的产出,而这又会提升认知控制能力。这一假说看起来是正确的。研究表明,精神分裂者在执行反向眼跳任务时更容易犯错,因为精神分裂恰恰是大脑中的多巴胺的含量失衡导致的。

当然,停止错误的眼动的最佳方法是不要进行任何眼动。这看似戏谑之言,但是研究表明,注意力与眼动是有重要区别的。经常有研究表明,你只要追踪人们的眼动就可以确认他们的注意力焦点之所在。毕竟,他们的注意力应该聚焦于他们所看到的物体上。其实不然。人们可以在不转动眼球的情况下转移注意力。类似的例子我们可以信手拈来。你在派对上和一个人聊着天,其实你所感兴趣的是房间另一头的某个人。尽管你的注意力全在另一个人身上,但是你依然可以直视和你交谈的那个人的眼睛。人类的这一品性可以从大猩猩身上找到进化论的解释。大猩猩等级制度森严,层级较低的大猩猩如果胆敢直视"阿尔法男"①的眼睛就会陷入大麻烦。虽然层级较低的大猩猩可以避免与"阿尔法男"有目光接触,但是,我们不妨这么说吧:层级较低的大猩猩仍然可以注意它的一举一动。同样,在人

---

① 阿尔法男,意思是在群体中游刃有余、一切尽在其掌握之中的"老大型"男性。此处,加引号表示在群体中扮演头领角色的雄性大猩猩。——译者注

类世界中,如果有人对你的安全构成威胁的话,你最好还是不要直视他的眼睛,这样可以避免冲突升级(至少,我希望下一次我走进一条黑乎乎的小巷子,遇到一个陌生人的时候,我可以避免此类事情的发生)。

如果我宣布,10秒之后你将会听到一个巨大的爆炸声,请不要朝爆炸声传来的方向张望,你一定会保持眼睛不动。反射性眼动只发生在受试者发现自己处于一种要求他们进行眼动的情形。没有朝着醒目的物体方向发生眼动,也并不一定意味着你没有注意到这个物体。吸引注意力和吸引眼动是两个截然不同的概念。在搜寻的过程中,如果屏幕上猛地出现了一个物体,你凝视的目光可能不会聚焦于该物体。但是,搜寻的时间却会延长。之所以需要额外的时间来进行你的搜寻是因为你的注意力会聚焦于醒目的物体。虽然由于你没有朝着醒目的物体方向发生眼动,该眼动受到了阻碍,但是注意力会被醒目的物体吸引,这是天生的,这会导致搜寻反应变得迟缓,搜寻过程自然就需要更多的时间。

第五章　通往视觉世界的门户：眼睛是如何出卖思想的？

有很多证据表明，注意力和眼动是同一个系统的不同组成部分。大脑里负责这两种功能的不同区域有相当大的重叠部分，许多情况下既出现了注意力转移，也出现了眼动。比如，尽管对于可能吸引我们注意力的物体，我们可以忍住不进行眼动，但是反之并不是如此，即在注意力没有率先到达动作的终点时，你是不可能进行眼动的。注意力可以说发生在眼动之前。如果物体出现在眼动经过的地方，你可能对物体的反应速度更快，这或许是相当符合逻辑的。相比于眼睛的缓慢移动，完成注意力转移的时间较少，并且前者需要动用眼部肌肉。但是，因为眼睛经常会转到视觉世界中最重要的点，所以，当视觉注意力先于眼动且在同一方向运动时，效率会最高。这总是会让我想起速度很快的小红车，在做出应急反应的时候，它们经常行驶在那些笨拙的大型消防车之前。

好吧，以上所述均为理论，但是一旦你把这一切付诸实践会出现什么样的情况呢？假设你是一个广告人，你希望人们能够分辨出你的标志，你希望人们能够进行眼动，把目光投向该标志。如果标志很小，注意力转移不足以完成全面辨识，因为眼角的视角敏锐程度不够。有一种可以保证人们的目光被标志吸引的方法是使其与广告的逻辑视角方向并列。比如，我的同事伊尼亚斯·霍赫（Ignace Hooge）经常提到贝纳通（Benetton）[①]的广告，广告中该公司的标志位于一行短短的文字之后。那个文本

[①] 贝纳通集团（Benetton Group）是一家位于意大利威尼托的全球时尚品牌，公司名称来自1965年创立该公司的贝纳通家族。——译者注

本身就是非常突出的，所以读者只能去读这个广告。由于标志位于文本的右边，而且标志本身非常醒目，所以观众很容易就把标志一并纳入眼帘，这是视觉有效性广告的范例。要让别人看你的广告是一回事，但是，如果他们记不住你公司的名字，那就达不到理想的效果了。有一则广告呈现的是一大群人盯着观看者看的画面，其中的公司标志非常小，而且藏在角落里，这种广告是不可能达到预期效果的。观看者需要花费很多时间，让眼光扫过一张张脸，这样一来，他们甚至都没机会注意到该公司标志了。

　　同样是这位伊尼亚斯·霍赫，他多年以来一直使用这一信息来告诫企业要注意广告的视觉有效性。现在我们能够通过衡量消费者的眼动来决定他们所看到的东西。一则广告，如果消费者不看标志或者公司的名称，那是达不到注意力架构师想要实现的目的的。广告的位置也很重要。含有信息的杂志页面无论出于什么样的原因，如果从视觉上没有吸引力的话，那么读者是不大可能把目光投向该广告的。无论如何，为了看广告而买杂志的人毕竟是少数。所以，作为一名注意力架构师，你可以吸引眼动的机会窗口非常小。如果有许多视觉上非常有吸引力的信息相互竞争，这些信息都想吸引你的注意力，那么该广告是很难起到效果的。放在股票专栏的一个色彩鲜艳的好广告可能是最好的选择，虽然此时读者有可能会直接跳过该页面。

　　广告的位置在很大程度上可以决定观看者的目光是否会被吸引到广告上来。我们此前的经历也会起到很重要的作用。我们通常知道报纸杂志中哪里会有广告，广告通常会是什么样子的。我们大多数人看杂志的时候都不看广告，而且会忽略广告所在的页面。每次我发现广告占据了报纸整个右手版面时，我总是感到不愉快，因为我从来没想到在那个地方会出现广告。我的目光自然而然地落在了广告之上。这就是为什么把广告放在右手版面要比放在左手版面贵很多，因为从视觉效果上来讲，把广告放在右手边要比放左边好得多。

我们经常用眼角的余光就可以看出网站上的广告或横幅广告，因为它们都有自己独特的设计。一方面，这有助于吸引我们的注意力，但是另一方面，因为我们从它的设计之中就可以知道我们所面对的就是一则广告，所以我们很快就能移开注意力，不让自己的目光被广告所吸引。由于我们之前对广告和横幅广告有过经验，所以我们在看杂志或网站的时候，主要任务之一就是避开广告。从广告人的视角来看，在设计广告时，如果能够把广告弄得和页面上的信息类似，那就再好不过了。有时我觉得自己是在看一篇文章，但是读到一半我就停了下来，因为那时我才明白自己看的原来是广告。广告和报纸上正常的文章看起来几乎难辨真假时，往往这个报纸的投诉电话就可能会被打爆。

上述内容可能会让你觉得杂乱无章。哪一种方法最有效呢？广告应该像鸡肋一样，还是应该完美地融入周围的环境之中吗？答案在于"注意聚光灯"(attentional spotlight)的大小。我们在访问自己熟悉的网站的时候，我们的"聚光灯"会变小，只关注网站本身的内容。页面边上哪怕是有一则非常令人震撼的广告也收效甚微。"聚光灯"之外的广告是无法吸引注意力的。更明智的做法是,在这类网站上,不要投放醒目的广告,因为这样一来,浏览者会觉得这就是网站真实的内容的一部分,就更有可能去阅读这些广告。但是,如果我们没有明确的任务要做或者我们并不清楚自己在搜寻什么东西的话,那么情况就不一样了。那样的话,我们的"聚光灯"就会变大,我们的注意力也不会受到我们所了解的人或要寻找的物体的特征的指引。在这种情况下,不醒目的广告是没有用的,因为我们不会把它和网站上的其他内容混杂在一起,因为我们对于该网站并不了解。醒目的广告会有效得多。

网站常常遭遇"广告视盲"(banner blindness)。尽管广告迭出,令人目不暇接,但是网站用户根本不会搭理这类广告。事实上,闪耀夺目的东西多了,我们反倒更不会把目光投向广告了。弹窗广告同样也是无效的,我们完全知道会看到什么,所以根本不看内容就立马把所有弹窗都关闭了。我们使用了小"聚光灯",一看到弹窗广告,我们就会把鼠标移向那个小小的"×"。对访问在线新闻网站的读者的眼动追踪测量结果表明,如果广告介于新闻之间,而不是位于侧边,用户的眼动会明显增多。所以,广告有效与否是与用户所需要完成的任务直接相关的:如果任务要求你用大"聚光灯",那么弹窗广告就会起到效果;但是,如果用户用的是小"聚光灯"的话,最好不要用太醒目的广告。

为了有效地执行一项任务,把目光投向正确的方向至关重要。你可以训练自己做到这一点吗?我们已经看到,研究医学扫描件是一项非常复杂的任务，因为诊断师的眼睛必须要聚焦在正确的点上，这一点至关重要。专家们擅长制定自己的工作策略，但是，他们通常并不清楚自己是怎么做到这一点的。这其实和骑自行车是一样的：要向孩子们解释怎样骑自行车难于上青天，因为骑车本身并不需要有意识能力。

通过演示教学法，你可以给学生展示专家在看片时会关注什么。这种教学方法非常有效，它不仅适用于放射科医师，而且也适用于所有"只有往对的方向看才能完成复杂任务"的人。比如，在执行下一次飞行任务之前，飞行员往往需要检查飞机是否有机械故障。其中一项工作就是要目测飞机外观。培训师让学生观看一个视频，向学生展示目测时的最有效的眼球运动。通过这种方法，学生们可以快速高效地掌握目测方法。

在解决难题或学习驾驶方面，演示专家的眼球运动也大有帮助。每个上过驾校的人都知道，眼睛应该往哪里看在驾驶培训中举足轻重。在关注路况的同时，学员还需观察左右后视镜、车内后视镜。考官会认真观察你的眼球运动的方向。我第一次考驾照的时候,就是因为在最关键的时候我的眼睛没往对的地方看,所以我没能通过驾考。我想告诉考官,往哪里看和注意力放在哪里其实是有区别的,但考官通通不买账。时至今日,我依然相信我的眼角具有足够的"视觉分辨率",我只要稍微转移一下注意力就可以看到是否有人骑车向我靠近,而与此同时,我会把自己的目光牢牢锁定在道路中央。好吧,我可能没办法说出骑车人的眼珠是什么颜色的,但是,这又何妨呢?说了这么多,你可能会认为原来我写本书的初衷纯粹是为了向我的驾照考官解释所有的这一切……好吧,我会原谅你的。

我又扯远了,还是回到科学上来吧。上了三次课之后,学车的这组新学员观看了一个视频:视频以移动球体的方式展示了一个老驾驶员的眼动模式。事后,这组学员相对于没看过视频的那组学员而言,眼动幅度大多了。行车时,这组学员也常常使用眼动,而且注视的方向正确,注视的时间也更长,比如在注视各种行车镜等时就是如此。甚至在过了 6 个月之后,对于该实验组而言,该介入的效果依然是很明显的。

现在有一项新技术,可以利用专家的眼动来对学生直接施加影响。该技术利用了你眼角的细微变化来使你的眼睛被吸引到发生变化的地方,人称"细微凝视操控"(subtle gaze manipulation)。该技术运用了短暂的色变来吸引注意力,一旦你的目光被吸引到了那个点之后,色变就会消失。你可能并没有意识到色变的存在,但你仍然会任由它摆布。通过该技术,教师可以让学生把专注力引向专家在执行此任务时也会看的地方。专家就是示范,目的在于让学生模仿专家的做法。其理念在于,培训结束之后,学员将习得同专家一样的行为。该培训对于提升筛检乳腺 X 光片中的恶性组织的能力产生了积极的影响。

新发现层出不穷,因此眼动追踪技术应用前景广阔。追踪眼动的设备——眼动仪——越来越先进了。眼动仪可以利用红外线相机来追踪眼球运动。眼动仪的售价越来越低,体积也越来越小。10 年前,购买眼动仪是一笔不菲的投资——一台好的眼动仪少说也得数千美元。但是现在,一台质量还过得去的眼动仪大概就 200 美元。这种价位的眼动仪当然不可能精确到微米,但是,我们也并不总是用得着精确到微米的眼动仪。如果你只想知道某个人在看什么物体,哪怕在电脑屏幕上,误差 1 厘米左右也不是什么大问题。

由于价格日趋实惠,功能日益增多,在不久的将来,眼动仪有望成为继移动电话、平板和笔记本电脑之后的又一通信亮点。一旦掌握了用户喜好的关注点,你很容易就能找到一种用户喜闻乐见的方式向其展示相关信息。眼动仪还会告诉你用户还有哪些信息未看过。想象一下:我们在汽车上装上一种眼动仪,驾驶员的目光一离开路面,它就会发出警报。经过编程之后,万一驾驶员睡着了,这样一种系统还可以起到提醒的作用。

一个人的眼动模式甚至可以向我们揭示他们的所作所为。阅读者的眼动模式与搜寻者的眼动模式是截然不同的。回想一下上文提到的理想的广告。如果广告人可以根据消费者的眼动确认消费者喜欢用小"聚光灯"还是大"聚光灯",那么他们就可以借此来调整广告了。

价格低廉的眼动仪还提供了这样一种可能性,即通过眼动来操作电脑。想象一下,你正在烘焙蛋糕,手指全都弄得黏糊糊的。此时如果有一个系统可以让你用眼睛来浏览网页,而无须用手,你不是特别得心应手吗?比如,眼睛眨两下相当于双击鼠标等。当然,这种系统不仅在你双手黏糊糊的情况下有用,而且对于那些现在已经无法操作鼠标或触屏的人来说也是大有裨益的。

在用按键激活系统时,在决定要按键和真正按键这两个动作之间总是有一定的时间差。此时,内置眼动仪就可以让某个系统在你真正按键之前做好一切准备工作。比如,在按下降落程序按键之后,飞机还需要 500 微秒才会开始下降。在真正按键前 200 微秒的时候,飞行员的眼睛已经落到了按键上。根据飞行员的眼动模式,我们有望可以缩短激活降落程序到飞行员真正按键之间的 500 微秒的时间差。当然,如果飞行员决定不按键的话,我们也可以中止该程序,但是这样一种系统肯定会起到节约时间的作用。

第一批装有内置眼动仪的平板已经上市了。2015 年,苹果公司获得了一项系统专利,有了该系统,用户就可以用眼睛来操控光标。或许在不久的将来,苹果公司就可以使用其手机和平板上的高性能照相机来监控我们的眼动了。如果我们在阅读电

子书的时候,一看到页面最末尾,眼动仪就可以自动帮助我们翻页的话,那么我们还有必要用手指去翻页吗?

眼动仪有望成为一种极其有用的阅读辅助手段。研究已经表明,有阅读障碍的人的眼动模式与正常人的眼动模式有很大的不同。他们一般会跳回到他们刚刚看过的词,然后聚焦于不正确的位置,同时他们注目的时间也更长,即眼睛专注于某一个词上的时长更长。虽然眼动还没有被广泛地运用于阅读障碍诊断中,但是,由于市场上已经有了价格低廉的眼动仪,所以它肯定会加速眼动仪在临床实践中的应用。许多有阅读障碍的人发现自己在阅读的时候难以保持良好的阅读速度,因为他们无法把眼睛"锚"在单词或汉字等文字上。眼动仪有望解决这样一个问题。我们习惯于横着读,即从左到右,但是当我们到达一行文字的末尾时,我们得一直回到下一行的最左边才能再继续阅读。阅读能力较差的读者觉得要把目光移动到对的位置挺费劲。眼动仪有助于监控阅读者的眼动模式,在读者读到前一行的末尾的时候,它就能激活闪光灯,显示下一行的起始位置。观察有良好阅读习惯的读者的眼动可以帮助阅读能力较差的读者决定他们应该看句子的哪个部分,这样就能提升他们的阅读效率。

眼动也可用于检测"神经障碍"。研究表明,注意缺陷多动障碍、帕金森病、胎儿酒精谱系障碍(fetal alcohol spectrum disorder,FASD,该障碍会导致如健忘等精神疾病)等患者具有特定的眼动模式。胎儿酒精谱系障碍主要是由孩子的母亲在怀孕期间过度饮酒造成的。研究者利用观看电视20分钟的眼动模式作为此类障碍的生物标记。正如唾液、神经心理测试或磁共振成像扫描等,眼动模式也有生物特征签名,使用算法即可识别。相对于其他生物标记而言,追踪眼动模式的优势在于它既简单又便宜。和其他许多行为活动不同的是,观看电视这种任务不需要做过多解释,而且也不容易被误读,这对于年幼者和年长者均有好处。需要解释的东西越少越好。视觉注意力的电脑模型可分辨出眼动的224种特征,然后可以用智能算法来确定某些障碍的关键特征。

未来我们在与周围环境互动或在诊断神经障碍和治疗相关疾病时,有望经常使用到眼动。眼动是最合适不过的,因为它们表征了我们通往视觉世界的通道。要了解一个人是如何体验这个世界的,我们需要做的就是看一看这个人是如何转动眼球的。患有注意缺陷多动障碍的孩子与无此类问题的孩子的眼动方式有很大的不同。所有高级认知问题都会影响一个人把目光投向何方的决定,该决定对之后的决定也会有所影响,因为那些决定是基于视觉信息的,而这些信息是被我们的大脑接收的。所以,我们的认知可以说决定了我们的眼动,反之亦然,眼动也会决定认知。

引导人类眼球运动的系统是一种令人惊叹的系统的组成部分,我们可以从这个系统中学到很多东西。事实上,该系统是我们"真实"生活的写照。把目光投向某个点这种决定发生得非常快,但是在必要时我们也可以迅速对其加以纠正。在眼球开始运动的瞬间,我们只知道最初的方向;精确的终点是在眼球运动的过程中决定的。眼球运动系统会监测眼球运动期望的终点和最初的方向之间的差异。所以,如果眼球运动没有到达预设的终点,而是在受到分心物的干扰之后在某个地方终止了,那么我们会以极快的速度对眼球运动进行重新编程。在短暂注视分心物之后,我们的眼睛几乎马上就继续朝着对的位置运动了。所以,眼球运动系统不会对其决定做出深思熟虑的考量,而是会聚焦于最快的行动方案,在其中再慢慢地纠正错误。其实我们在现实生活中又何尝不是如此呢!

第六章

你的过往对你当前注意力的影响：你只会看见你想看见的东西

在一个寂静的星期三的早晨，在荷兰的一个小村庄中，一辆汽车自北往南行驶在集镇路段。驾驶员想要左拐进入一条小巷。他踩住了刹车，左右观望是否有过往车辆。在确认没有任何车辆之后，他踩了踩油门，开始左拐。就在此时，突然传来了一声巨响，一辆轻便摩托车撞上了汽车。幸运的是，摩托车驾驶员只是受了点轻伤，但是最终他还是把汽车驾驶员告上了法庭。法官判定汽车驾驶员危险驾驶，罪名成立。法官认为，如果汽车驾驶员行车时多注意安全，他一定会看到这辆摩托车，这样就不会酿成事故了。汽车驾驶员对此并不认同，他说自己有注意行车安全，只是没有看到这辆摩托车朝自己驶来而已。在他看来，他在左转前停车查看往来车辆，就证明了他是谨慎驾驶的。这一点也得到了摩托车驾驶员的证实，汽车在左拐前确实曾经停

下过。

为什么汽车驾驶员没有注意到向他驶来的轻便摩托车呢?他是否应该负全责呢?事故发生在白天,他并没有什么急事,此前也未曾卷入过任何事故。我们先来仔细分析一下当天的情况吧。轻便摩托车的车速为每小时45千米,完全符合荷兰交通法规。荷兰法律规定,在集镇路段行驶时,轻便摩托车应走机动车道,不走自行车道。

对当时的情形做进一步研究之后,我们发现,该路段与常见的集镇路段并不相同。自行车道与机动车道之间有一条窄窄的绿化带,四周无民房,和乡间道路类似。行车途经该路段时,你不会觉得自己是行驶在集镇路段,也根本想不到限速会是每小时50千米,更想不到机动车道上会有轻便摩托车,因为轻便摩托车通常只能在自行车道上行驶。所以,汽车驾驶员很可能的确曾停车观察是否有往来车辆,只不过他没想到这个路段的往来"车辆"还包括轻便摩托车。他的目标物是较大型的车辆,如汽车或公交车。他之所以忽视了轻便摩托车可能纯粹是因为轻便摩托车并不符合他的搜寻标准。

能否注意到物体关键要看是否有所期待。产生错误期待的道路使用者可能侦测不到往来的其他车辆。实验表明，尽管警车非常明显，但是如果警车停在人们意想不到的地方（比如硬路肩上），道路使用者甚至也会忽略警车。同样的道理，尽管骑行者如此明显，但是因为机动车道旁就有一条专用的自行车道，所以此时哪怕骑行者在机动车道上而不是在自行车道上骑行，汽车驾驶员往往也会视而不见。当然，本书讨论的重点并非司法体制，而且上文的汽车驾驶员是否应该被无罪释放完全属于严格的法律范畴，但是，有一个事实我们务必要清楚，每个人都可能犯同样的错误，而且也可能因为错误期待而犯罪。看起来与集镇路段有所不同的机动车道可能会让人产生不同的期待。你甚至可以批评地方当局：你们是怎么修路的？修出来的道路居然会让人产生错误的期待？有时我自己心里也在想，在某些路段，我到底应该开多快呢？如果该路段没有相关交通标志，那我只能根据行车路段的特点来猜测相应的限速。我只能根据道路的特征来决定允许的行车速度。

考虑到我们从周围环境中可以捕捉到的信息极为有限，所以增加道路沿线的交通标志并没有多大的意义。我们经常还会忽略重要的标志，因为行车时我们通常会把主要的注意力放在道路上。所以，如果有关方面能够考虑到驾驶员的期待，那就太好不过了。如果我们认为自己看到的是乡间道路，那么相对于我们认定的集镇路段而言，我们的车速一般就会快一些。我们此前对各种道路都有所体验，而且我们凭借对道路的了解得出了相关结论。如果我们看到一条道路有多个车道，哪怕该路段位于市区，我们也会知道那是公路。甚至不同的交通标志也会导致错误的期待，比如，我们通常想不到在纽约市区会见到"距离波士顿有多少英里①"这样的标志。这种标志只会让驾驶员加快行车速度。

　　我们的视觉世界充满着规律性，而且我们在环顾周围的世界时一般也会用到这一信息。刀具一般放在刀柜里，所以要用刀时我们一般会到刀柜里找，而不会去冰箱里找。这就是为什么在靠右行驶的国家，道路左侧的交通标志往往比道路右侧的标志效果差一些。背景有助于我们理解复杂的视觉世界。所以，我们在行车的过程中会有所期待，也会据此来调节我们的注意力。刀具应该放在刀柜里，交通标志应该位于道路右侧。这就是为什么在驾驶员觉得本应放置交通标志的地方树起一面广告牌其实并非明智之举。在第五章我们已经讨论过，我们把目光移动到道路边上的物体需要花费多少时间，而且阅读路边的广告牌和太频繁查看车速里程表一样，也是很危险的。

　　在任何一个给定的情形之中，我们对于物体应该放在哪个位置的期待是基于我们多年积累起来的经验而言的。但是，我们在短期之内是否有办法建立起这种期待呢？为了找到答案，有科学家请一组受试者寻找一个目标物 T，目标物周围有许多分心物。在每个屏幕之上，受试者会看到若干个物体，这些物体

---

① 1 英里≈1.61 千米。——译者注

是按某种方式排列的,比如图6.1,目标物位于左上角,而分心物则遍布整个屏幕。受试者不知道的是,有些屏幕是重复的,有些屏幕则是新的。

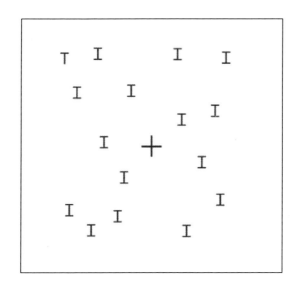

图6.1　搜寻屏幕

该实验表明,在决定应该把注意力投向何方时,人们对于基于以往经验的发现非常敏感。相对于新屏幕而言,受试者对于重复出现的屏幕中的目标物反应非常快。这一效应被称为"背景线索"(contextual cueing),背景线索决定了注意力的投向。在本实验中,眼动观测结果表明,目光会马上投向目标物有望出现的位置。受试者对此往往是没有意识的。实验之后,大多数受试者说不出哪个屏幕是重复的,哪个屏幕是没有重复的。所以,虽然我们的注意力受到此信息的引导,但是我们并没有获取这一知识的意识。如果你经常无意识地把日程安排表放在桌子上的同一个位置，哪怕桌子再乱，你也很快就能找到这个日程安排表。

背景的作用在实验之后也不会马上消失。一周后，参加背景线索实验的受试者又被请了回来，他们仍然可以很快就在重复出现的屏幕上找到目标物。受试者可以回忆起60个独立的屏幕，但他们自己并没有意识到这一点。另外，我们知道，其效果并不局限于几个小时，其影响其实可以持续相当长一段时间。"视觉背景"（visual context）的长期效果在以下实验中尤为明显：受试者应邀在现实场景，比如某个房间或山水景观的照片中寻找一把钥匙。我们可以不费吹灰之力便回忆起数百个不同场景的细节，这些实验恰恰是利用了这一事实。场景中隐藏的那把小钥匙次日仍有明显的效果。第二天，受试者被要求在看到目标物（如小球）时要尽快做出反应，如目标物所处的位置与前一天找到钥匙的位置完全相同，则受试者反应速度就最快。最令人吃惊的发现或许是受试者注意力转移的速度。即使呈现场景的时间很短，但是受试者的注意力变化仍然是明显的。在前几章中，我们谈到了反射性注意力转移现象。在重复的场景之中，注意力转移发生的速度极快，就像是反射性的注意力转移一样。在这种情况下，再基于场景的背景，我们似乎马上就能知道某个位置在上一次的接触之中很重要，因为那就是钥匙的藏身之处。次日，反射性注意力转移之所以出现纯粹就是基于这样一种信息。我们的注意力由我们的经验所引导，而且是在不知不觉中发生的。

让我们再回到交通场景之中。新道路建设者通常会把驾驶员的过往经验融入设计之中。如果道路设计得好,根本不需要什么道路标志,驾驶员仅凭道路设计方式马上就能知道自己能开多快,不能开多快。驾驶员把越少的注意力放在交通标志上,就能把越多的注意力放在道路上。设计现代环岛的汉斯·蒙德曼(Hans Monderman)曾经说过,道路标志的存在无疑说明道路建设者水平太差。他还建议,要让驾驶员慢下来,一种方式就是让交通路况变得杂乱无章,而不是井然有序。在意大利,警察通常把警车停在繁忙的十字街头的正中央,因此驾驶员在通行时一定会左顾右盼,结果车速真的降了下来。"交通路况越是难以捉摸,道路才越安全。"乍听之下确实匪夷所思,但是我们必须记住,畅通无阻的道路只会鼓励驾驶员猛踩油门。

根据"共享空间"原则,道路空间的设计应该遵循"生活空间"的设计原则,即应把与交通有关的物体(如交通标志、交通灯、路缘石等)通通拿掉,用长椅和花盆取而代之。这会鼓励道路使用者一同参与调节车流量,同时也可以激发驾驶员的责任感。这些理念在荷兰的一个城镇付诸实践后,成功地降低了当地的交通事故率。

如果某个路段成了超速及交通事故多发段,人们通常就会采取措施,让驾驶员自动把车速降下来,比如,把道路变窄,或者改变道路地面标记等。让道路边缘变得更加清晰也是强化狭窄道路视觉效果的一种方式。在集镇路段,有时设计师会把道路中间线去除，强化行车人的道路共享意识，敦促他们与往来车辆共享道路。如果中间线未被移除的话，驾驶员往往会忘记自己还需要注意往来车辆，因而就会相应提速。

我们对于物体所处位置的背景往往记忆犹新。我们非常善于记忆视觉背景，这是因为其中涉及的信息是无意识的，我们对其的记忆显然是不受限的。每个懂得骑自行车的人都要掌握相应的技巧，这种技巧就隐藏在无意识记忆中。虽然你无法向其他人准确地解释怎么骑车，但是哪怕你一整个漫长的冬天都没有碰自行车，你自己再次骑车也完全没有问题。我们从视觉世界中收集到的无意识信息的工作原理也是如此。我们能够在不知不觉中把视觉背景存储下来。

对于难以捕捉无意识信息的人来说，重复某种视觉背景并无意义，就像是从头开始学习新运动技能一样。比如帕金森病患者，由于受基底神经节疾病的影响，他们已经无法学习新的无意识运动技能。但是，实验表明，对于无意识记忆没有受损的人，比如科萨科夫综合征（Korsakoff syndrome）患者而言，背景线索仍然会正常起作用。考虑到这些患者的有意识记忆已经受损，他们可能记不住早餐吃了什么，但是如果头一天见过搜寻屏幕，第二天再看的时候，他们仍会做出更迅速的反应。

尽管他们的有意识记忆已缺失，但是科萨科夫综合征患者仍然拥有功能齐全的视觉背景无意识记忆，这就意味着它可以用于学习新任务。要做到这一点，患者就需要用一种完全无误的方式获取信息。这一点尤其重要，否则患者会在无意之中记住错误信息,结果无法区分正确与错误的行为。不幸的是,人们常常想当然地认为,无法进行有意识记忆的患者是无法学习新技能的,结果,许多患者到了养老院之后,就没有获得相应的学习机会。新近的研究表明,如果他们使用的是"无错性学习"(errorless learning),那他们是能够习得新技能的。以埃里克·乌德曼(Erik Oudman)为首的科研团队对具体技能——如何操作洗衣机——的无错性学习进行了研究。这要求患者具备与外部视觉世界成功互动的能力,即能在正确的时间操作正确的按钮。此前从未使用过洗衣机的科萨科夫综合征患者在经过几轮的无错性学习之后就能掌握这一技能。对于他们来说,这和骑自行车一样。这表明,这些患者在使用其几乎无穷无尽的无意识记忆时,他们仍有学习潜力。甚至还有证据表明,这种记忆的能力更强,而且比有意识记忆更加有力,所以,我们更有理由将其运用于我们与视觉世界的互动中去。

我们的注意力不仅受到我们期望在哪里找到某种物品的影

响，而且受到我们对某一事物的视觉联想的影响，比如我们一想到"香蕉"就想到"黄色"。克里斯·奥利韦斯（Chris Olivers）做过这样一项研究，受试者被要求从若干个道路标志中搜寻特定道路标志。除了其中一个分心物是全彩的之外，其余所有标志的图片都是用灰色调呈现的，这个分心物延长了搜寻时间。如果分心物的色彩与目标物的身份相关联，那么搜寻时间会更长，比如，要找的是"停"标志，而分心物是红色的。哪怕色彩与受试者手中的任务并无关联，受试者的注意力也受到了"停"标志与"红色"相关的指引。

  由于联想的力量过于强大，某些制造商只好把生产类似产品的制造商告上了法庭，因为那些制造商使用了相同颜色的包装。2013年，在一桩诉讼案中，涉事双方的大米包装袋无论是颜色和设计都有极高的相似度。知名高端品牌制造商为了让其产品与某种颜色产生联系投入了巨资。尽管牛奶本身是白色的，但牛奶常常会让人联想到蓝色。我们在超市购买牛奶时，会自动激活蓝色，以加快搜寻速度。市场新玩家（比如折扣店）会使用这种联想来确保消费者会把注意力投到其产品之上。相对于蓝色包装的牛奶而言，橙色包装的牛奶销路可能稍显逊色。涉及类似问题的法庭诉讼很少会胜诉，因为法庭还会考虑产品包装的整体形象问题。如果竞争对手的产品包装形状或蓝色色调确实与原告的包装形状或色调有足够的区分度，那么就不构成侵犯知识产权。至于涉及大米包装问题的诉讼案，绝大部分的注意力放在了原产品的可再密封条上。新产品没有可再密封条，所以法官认为两种产品在整体形象上存在足够的差别。在寻找牛奶的时候，我们心中并没有具体的蓝色调；我们只是在寻找蓝色牛奶而已。

对比一下图6.2中的芝士面包抹酱的包装。两个制造商生产的是相同的产品，两者的包装都用到了喜滋滋的奶牛图案，背景都是绿油油的草地，但两者在色调上有细微差异。通过模仿高端产品的包装以实现联想，从而获得优势虽然是明令禁止的行为，但是，此类诉讼案还涉及的问题是：两种产品之间是否有足够的差异？是否会给消费者造成困扰？如图6.2所示，两者存在足够的区别，不会使消费者混淆两种产品，但是两者对于消费者而言，可能具有相同的吸引力。

图6.2 通过模仿产品包装以实现联想

根据以往经验来捕获注意力的现象被称为"启动效应"。对此我们其实并不陌生，比如你在派对上见到了一个很想见到的人，你的注意力一直都在那个人身上，而且也一直都在他所穿的衣服之上。如果那个人比你早回家，那么派对上穿着同样颜色的裙子或衬衫的人自然就会吸引你的注意力。由于你的目光聚焦在那个人穿的红色的裙子或衬衫上，那么房间里任何一个红色的物体自然都会吸引你的注意力。

近期实验研究的重点在于过往经验对于受试者表现的影响。视觉注意力实验经常会涉及重复不同的任务。仅凭一次观察，研究者无法准确地估计对某个任务做出反应所需的时间。受试"干预"，如考虑到注意力的波动或疲惫的影响，这意味着需要多次测量才能做出可靠的估计。这就意味着在实验过程中，"过去"在任务是如何完成的过程中起到了一定的作用。完成某项任务所需的反应时间也会受到完成前一个任务所需反应时间的严重影响。比如，受试者如果要找的是与前一个任务相同的目标物，那么受试者找的速度就会很快。

"启动效应"与上文所述的弹出物息息相关。如果后续任务重复了一种独一无二的颜色，有着同样颜色的物体就能够更快被找到，这同样也适用于当分心物突然具有了与前一个任务中一个独一无二的物体同样的颜色时。在那种情况下，分心物对于受试者的表现会起到至关重要的作用，因为受试者的注意力会被分心物所捕获，言下之意，任务所需的反应时间会更长。我们需要意识到，并不是每个人对于同一个任务都会做出相同的反应，个人会受到最近的过去和遥远的过去的影响。如果书店在橱窗里张贴海报，对本书进行推广，那么你进了书店之后，很容易就会被本书吸引。

第六章　你的过往对你当前注意力的影响：你只会看见你想看见的东西

　　一个人体验视觉世界的方式会受到其过去的所见所为的影响。想象一下，你在排列一系列多米诺骨牌。一开始你只排列红色多米诺骨牌，但排了一会儿后，人们突然要求你用蓝色多米诺骨牌继续排列，此时你的反应速度就会有所下降，因为你此前一直只选择红色骨牌，所以其他颜色暂时被抑制住了。你只选择红色骨牌而忽略其他所有颜色的历史使得你很难挑出一个曾经被抑制的颜色。这就是所谓的"负启动效应"。

　　请看图6.3的说明。受试者的任务是一看到用实线画成的图像就尽可能快速、大声地描绘出来。图中左边是一条狗，右边是一个喇叭。要正确完成此项任务就要选择用实线画成的物体，而不能选择用虚线画成的物体。这个任务并不难，但是我们选择的后果会体现在下一个任务之中。当目标物（比如本例中的狗）重复出现时，由于启动效应的存在，反应时间会有所缩短，而如果受试者此前没有看到过狗，反应时间则更长（"正启动效应"）。相反，如果任务要求受试者忽略"狗"，那就会导致"负启动效应"：在这种情况下，反应时间比目标物是新的情况时要长。这意味着，狗的视觉图像的表征存放于我们大脑中的某个地方。表征强的时候，我们很快就辨识出下一条"狗"。但是，表征受到抑制时，我们的反应时间就会明显延长。辨识物体所需要的额外时间的长短表明表征被压抑程度的高低。魔术师尤其喜欢"启动效应"：先让人们短暂接触某些图像，后续魔术师请这些人画画或挑选卡片时，他们受这些图像影响的概率就会增加。

　　记忆会影响我们将注意力投向何处的选择。或许，我们最

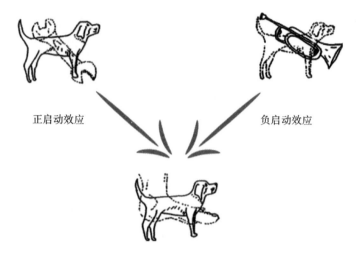

图 6.3 启动效应

生动的记忆往往与某种形式的奖赏有关。比如,如果我曾在大街上捡到 20 欧元,我对捡到钱的那个地点就会一直记忆犹新。我发现,我一走到那个地方,目光自然而然就会被那个地方所吸引。好吧,这纯粹是信手拈来的个人轶事,但是,在实验中我们也完全可以再现这样一种场景。主试告诉受试者,只要成功完成某一项任务就会赚到钱,但是奖赏额度是由某种颜色是否存在决定的。如果受试者找到目标物时还可以看到一个绿圈,那么相对于看不到绿圈的受试者而言,这些受试者会获得更高金额的奖励。我们不妨做出这样一种假设:在这样一种情境下,绿色对于受试者而言是非常重要的,所以绿色很容易吸引受试者的注意力。但是,令人吃惊的是,哪怕不再有奖赏了,其效果仍然是一样的。有奖赏时,之所以能吸引注意力是因为这是受试者的某种策略（绿色和奖赏金额的大小也是相关的），但这无法解释为什么在取消奖赏之后还会产生同样的效应。但是不管怎么说，当受试者在一段时间内，把一种颜色与奖赏联系在一起时，那种颜色会继续自动地吸引他们的注意力，甚至在该颜色是分心物的其他搜寻任务中也是如此。由于受试者先前的经验，该颜色成了一种强烈的刺激物，这种刺激物不会轻易受到压抑，而且当分心物颜色与低奖赏相关时，受试者的反应时间会更长。在初次实验结束几周之后，其效果仍然很明显。

天生冲动型的受试者会因为奖赏颜色的影响而分心很久。非天生冲动型受试者很容易就会忽略原本与奖赏相关的物体。虽然这么说有些牵强，但是这和一个人是否容易成瘾相关。如果过去有一种药物总会给我们带来某种恐惧感，那么在未来某个类似的情境中，我们就很难压抑住重新体验这种经历的冲动。比如，写着"欢乐时光酒吧"的标志一定会吸引酒鬼的注意力。

钱之类的物质奖励本身是不言自明的。但是，有望获得新信息也可以是一种奖赏。看似大脑的奖励系统被激活了，在完成一系列只关乎灰色小点的任务之后，我们又面临着一个新的包括红点的任务。我们在体验某种新事物的时候，会将其视为一种奖赏，和钱一样。这到底是为什么呢？当然，我们可以想出各种各样的进化理由（例如，我们的祖先在新地方寻找食物），而且它还可以解释为什么今天我们会对手机和电脑屏幕如此上瘾，可能仅仅是因为它们能为我们提供新信息吧。屏幕右下方的小信封意味着又有新信息了。忽略就好？试一下吧。但我发现要忽略新信息几乎是不可能的。如果我不把电子邮件关闭的话，我会发现每10秒钟我的屏幕上就会出现一个新信封，而我每10秒钟就得点击一下，因为我们时刻盼望着新信息的来临。可以持续不断地为我们提供新信息和多机位视角的电视节目比起只使用一个机位、内容重复的节目要更有吸引力。我们也喜爱浏览杂志，因为杂志的每一页都会为我们提供新的信息。在搜寻任务中，一个突然出现的物体会自动捕捉我们的注意力，因为它可能与我们息息相关，而且还有一个更为简单的原因是它会为我们提供新信息。

虽然"有意视盲"和"正启动效应"是在过去的40年里才被人们所发现的，但是数个世纪以来，魔术师一直在利用我们有限的注意力。人们常说，我们在实验室里做的实验和现实几乎毫无关系，但是魔术师已经证明，在真实世界里也有许多注意力效应。在表演魔术时，魔术师一直都在不断地操纵我们的期待。魔术师一定要让我们分心，或者把我们的注意力引向活动中心，但是，事实上，所谓中心根本无事发生，但如此一来，魔术师便会趁我们不注意时掏出新道具。如果观众知道眼睛要往哪里看，知道魔术师会玩什么戏法的话，那么魔术就起不到魔幻的效果了。

我们在书中提到的各种各样的障眼法其实魔术师全都用到过。他们会把目光从一个即将发生变化的地方移开，会打着响指分散我们的注意力，会让变化在我们最意想不到的地方发生。我们心知肚明魔术师就是在"耍"我们，正因为如此，魔术才有如此震撼的效果,而且魔术的效果丝毫不会因此而削弱。如果我们知道自己要注意什么的话,那么那种魔术一定是失败的。在那种情况下,我们会把注意力集中在正确的点,这样我们就看到了变化。有人认为,魔术贵在手快:手一快,物体就会消失得无影无踪,令人猝不及防。其实这是一种误解。速度固然很重要,但是,人类还没有达到这样一种境地,即可以让物体消失得足够快,快到人们无论多么全神贯注都无法察觉。魔术的关键在于分散我们的注意力。

令人难以置信的是,有一些戏法已经存在了数百年时间,而时至今日,它们仍被运用于现代科学实验研究中。其中一项实验涉及观众的眼球运动:这些观众正在观看魔术表演——"凭空消失的香烟",其实魔术师只是把香烟扔到了桌子底下,但他的目光却死死盯着自己的手指,随后又打了一个响指。其结果与"有意视盲"实验的结果非常相似。看不到香烟消失的受试者亲眼见证了变化,但是并没有把任何注意力放在其上。

还有一个很好的例子就是名为"不翼而飞的小球"的魔术。魔术师把一个球抛向空中,接回,又继续抛出,接连几次,在观众看来,抛着抛着小球就凭空消失了。其实,在最后一抛的时候,观众看起来觉得魔术师把球抛了出去,其实球一直就在魔术师的手中。魔术师的头和眼睛随着观众期待的抛物线而行。在观众看来,魔术师真的把球抛了出去,然后球就消失在稀薄的空气中了。在本例中,很显然,观众的眼睛是望向正确的点的,但是他们的注意力转移到了球在抛出之后有望出现的位置,而那也正是魔术师期望的位置。

魔术师一次次地变出鸽子又一次次地将其放飞,可以肯定的是在其他某个地方发生了重要的变化。魔术师知道,同一时间有多处出现运动时,观众会把注意力放在最显著的运动上。魔术师所有的行为、肢体语言、眼球运动和话语都具有特定的功能。插科打诨的时间如果把握得好,也可以把观众的注意力从魔术上移开,这样一来,变化就发生在神不知鬼不觉之中了。魔术的成败与记忆也有很大的关系。魔术师知道,永远不能给相同的观众表演两次相同的魔术。因为观众第二次观看魔术时发现其中奥妙的概率会大大提高,哪怕他们并不知道哪里会发生变化。观众会把行为和变化联系在一起,这就使得他们不容易出现分心和注意力视盲。

今天,训练感知敏锐度俨然已经成为一大产业。提供此类服务的机构从以下研究中获得了灵感:我们只要重复简单的任务就可以提高感知能力。"感知学习"的效果已经被证明在实验环境中是存在的,但是,关于它们对于我们的日常生活有无影响,人们仍然心存疑虑,这是因为感知学习的效果通常无法在其他情境中显现。在关于感知学习的研究中,受试者连续几天,每天花费数小时来训练自己完成简单的视觉任务,比如,分辨某种颜色或方向。如果训练时间足够长的话,最后你分辨某种颜色或方向的能力会越来越好。这本身有一点奇怪,因为你本以为凭借你多年来积累的对视觉世界的经验,你早应该是专家了。看起来,训练可以让你好上加好,精益求精。但是,训练并无法提升你分辨其他颜色和方向的能力。该效果仅适用于一种具体的技能,比如,你会成为侦测"垂直运动"的专家,但是你并不会因此成为侦测水平运动的专家。据说这种单一运动方向的专业水平是可以持久的,而且感知学习的效果经常在数月之后仍然是显而易见的。但是,感知学习是在不知不觉中发生的,言下之意,受试者说不清楚他们究竟学习了什么。

感知学习机构尤其感兴趣的是以下这种实验。在该实验中,有一组棒球运动员接受了物体感知训练。该训练共分为30次,每次25分钟,受试者要辨识一个几乎看不见的物体。训练结束之后,受试者的感知有所提高,甚至在接下来的棒球比赛中得分也有所提高。受试者的击球率有所提高,而且也更善于决定何时挥拍,何时不挥拍。乍看之下,训练成效卓著,但是该研究也存在几个问题。比如,实验中没有对照组,所以我们并不清楚这里所谓的成效究竟是一种心理安慰,还是确有实效。当然,你也可以说科学不就是如此吗!一位科学家率先提出了一个新想法,其他科学家纷纷效仿,开展进一步研究。但是,当某些机构仅凭为数不多的几个研究就得出深刻结论时,问题就来了。它们动辄夸下海口:随着便携式屏幕和相关应用程序的出现,每天做一个短时训练根本不在话下,转眼之间你的感知能力就会迅速提升。但是,并没有多少科学证据足以证实此类视觉训练是有实效的。

市场上新近又推出一款创新产品——"频闪观测眼镜"。这是一款专业眼镜,旨在提升足球运动员的能力,如对足球做出更快速的反应。目前该技术已风靡全球,深得各地俱乐部青睐。频闪观测眼镜背后的原理很简单:与其不间断呈现视觉图像,不如每秒阻隔5至150次。该眼镜可以产生闪烁的图像,而非连续不断的运动,如此一来,使用者看到的就是一系列静止不动的图像。频闪观测眼镜的发明者称,佩戴这种眼镜之后,佩戴者的行动速度会有所提高,因为,相对于运动中的物体而言,我们处理静止物体的速度更快。从理论上来说,闪烁的图像应该会提高守门员发现扑面而来的足球的能力。球员在佩戴眼镜参加训练之后,训练效果会迁移至不佩戴眼镜的时候,因为大脑经过训练之后会把静止的图像粘连成一系列连续的运动状态,但是并没有多少科学证据可以证明这种说法。虽然使用者依然热情高涨、乐此不疲,说是取得了长足进展,但是,由于缺少可靠的对照组,人们也就无法对这些培训方法的有效性做出任何科学判断。

如果有严格对照组的实验表明感知学习的效果不一定可迁移至其他情形,那么问题就来了:频闪观测眼镜真的会有实效吗?市场上的视觉训练方法数量激增,这些方法背后的机制可能会让我们浮想联翩,但却缺乏必要的科学基础。就目前而论,我们所能做的就是等待,等待人们对这些技术进行必要的科学研究。

随着年龄的增长,我们的感知能力会越来越差。这主要是因为我们的眼睛发生了变化,比如说晶状体灵活性下降,而且眼睛的变化与大脑中的变化缺乏关联。没有任何一种视觉训练方法可以改善眼睛本身的状况,但是有一些方法可以改善你与周围视觉环境的互动效果。其中一种方法旨在扩大视野的范围,关于视野这个问题我们在第三章中曾经讨论过。这种方法专注于视觉注意力,而非感知,所以注意力训练对我们大有裨益的关键就在于此。

当然,上述内容无一可以证明感知学习是子虚乌有的。比如,在孩提时代,我们都得学着分辨 V 和 U。我们精湛的视觉能力大多是以感知学习为基础的。学生时代,我无助地盯着图表,心里琢磨着这些图表究竟想说明什么,但总是徒劳的,现如今我对解析实验数据得心应手,这种反差常常令我惊诧不已。由于"大数据"的出现,要快速分析数据已经变得难上加难,原因很简单:由于数据过载,要找出个中规律已经变得越来越难了。所以,我们不得不借助电脑算法来为我们找出其中的规律,我们再也无法像化学家解化学方程式那样,通过"快速浏览"数据就能找出规律了。问一下专家为什么他会找出一种特别的规律,专家可能也给不了你答案;所有的一切都是在自然而然中发生的。感知性学习的先驱埃莉诺·J. 吉布森(Eleanor J. Gibson)曾经写道:"我们不仅可以看到,而且我们还会去看;我们不仅可以听到,我们还会去倾听。"飞行员只要飞快地扫视一下仪表盘就可以很快地判断出飞机的状态。飞行员不会逐一检查每个仪表,那不仅需要注意力,而且耗时过长。关键就在于在不转移注意力的情况下找出规律,换言之,靠的是"直觉"。

这是感知学习在实践中运用的一个实例。这同样适用于医学领域,外科医生在学习观察身体组织影像扫描片并做出诊断时也运用了感知学习法。比如,在进行胆囊切除手术时,医生会用内置照相机观察患者体内的情况,并通过操控照相机找到正确的位置。要学会这种专业技能需要很长时间,但是感知学习有助于加速这一进程。在一个感知学习实验中,主试向其中半组学生迅速展示了一系列图像,然后主试问他们这些图像展示的是身体的哪个部位。另外半组的学生看图像的时间更长,而且他们想操控照相机多长时间都可以。在考试中,参加感知学习的半组学生得分要比有较长时间观察图像的学生高出 4 倍。这表明,培养辨识规律的直觉是极为有效的。旨在培养自动辨识规律的相关技术现在已经运用于皮肤病学培训之中,据说学员通过培训后可以快速辨识不同种类的皮肤病。

我们的记忆决定了我们会如何体验身边的世界,你甚至可以说,我们是戴着"过去的眼镜"看当下的。这是合乎逻辑的,因为我们学会了要去哪里寻找让我们感兴趣的信息,它可以让我们对某些情境做出更快速的反应,然后从我们的周围挑选出正确的信息做进一步的处理。但是,当我们的期待落空的时候,我们会直面感知的局限性,而且会忽视城镇道路中央朝我们驶来的轻便摩托车。

第七章
如果大脑受到了损伤,那注意力将会如何?

74岁的汉克(Hank)当了一辈子油漆工。退休后,他仍然每天穿梭于油漆和刷具之间。一天,在给弟弟的篱笆上漆时,汉克突发中风,跌下了梯子。医院里,神经心理学家问他知不知道自己为什么会在这儿。汉克思索了一会儿,答道:"救护车把我送来的。"

"身上有哪里疼吗?"

"没有,"他回答,"有点累而已,还有,这儿的伙食太差了。"

汉克没有告诉神经心理学家的是,他忽略了一半的视觉世界。由于顶叶受损,汉克患上了"视觉忽略"(visual neglect)症。视觉忽略症患者在将注意力转移到视觉世界的左侧或右侧时会遇到困难。

视觉忽略通常由右脑受损引起。右脑的注意力区域负责将注意力转移到左侧视野。视觉忽略会带来一系列麻烦,给患者的日常生活造成极大不便,但同时它也有积极的一面,即向我们展示了注意力对于探索四周多么重要。视觉忽略的严重程度不等,最糟糕的情况下,患者完全意识不到被忽视的那半边世界到底发生了什么。吃饭时,汉克只吃餐盘右侧的食物。吃完后,他觉得自己全部吃干净了,因为他无从得知餐盘左侧的情况。只有当餐盘掉转方向,另一半的食物出现在"完好"的视觉世界中时,他才知道原来自己压根没吃完。刷牙时,他只刷自己完好视野中的那些牙齿。刮胡子时,他也只刮右脸。

对于视觉忽略症而言,最棘手之处在于,大部分的患者都不知道自己已患病。在和神经心理学家交流的过程中,汉克说他之所以会在医院,是因为是救护车把他送到了那里,此外他没有谈及任何与注意力转移相关的问题。缺失了半个世界,他还浑然不觉。这种对自身状况的不了解使康复变得格外困难。神经心理学家与患者开展此类对话的目的就是增进患者对自身病情的了解。她试图让汉克的注意力转移至受损的一侧,于是她提出了更多问题:"看看你的左手,你看到什么了?"

多亏了神经心理学家的清晰指令,汉克才能将注意力转移至左侧。他看到了自己的左手。"这只手很干净。它平时都会沾上油漆。"然后他很快把目光移回右手,"这只手会疼,医生刚给我打了点滴。"他的注意力很快便回到了右手,他的左手又一次消失在视线中。这是视觉忽略症患者的典型表现:他们其实有转移注意力的能力,但这种转移只在接收到明确指令后发生,并且持续时间很短暂。患者的注意力会迅速移回未被忽略的那部分视野中。如果房门在左手边,医生可以走进房间而不会引起汉克的注意。只有当医生喊他的名字时,他才会缓缓地把注意力转向医生。

我们都知道,要想辨识世界上的花花万物,注意力不可或缺。如果患者没去注意世界的某些部分,那么他们便不会察觉那儿都有些什么东西。这或许解释了他们为何不清楚自己的处境:如果别人告诉你,你的视觉世界缺失了一部分,只是你还蒙在鼓里,你会有何反应?你可能不相信他们说的话。此时神经心理学家的重要作用就凸显出来了。神经心理学家让汉克注意到视野中缺失了的物体,希望他能由此意识到自己忽略了部分视觉世界。

大约 1/4 的脑损伤患者都会经受某种形式的视觉忽略,好在通常持续时间不长。在急性发作期内,大脑中的各类程序被打乱,但它们最终会恢复正常。以中风为例,中风后,大脑中多余的血液必须被排出颅外。血液被排出后,随着许多大脑功能恢复正常，视觉忽略也不复存在。此类患者的视觉忽略症甚至可能只在遭受脑损伤后持续短短数天时间。但是，对于一些长期患有视觉忽略症的人来说，转移注意力过程中存在的困难则是永久性的。

许多小实验都可以作为判断视觉忽略的依据，它们十分简单，患者在病床上就能完成。其中一种叫作"线段等分实验"。患者需要用笔将纸上的所有线段精确地一分为二。要想准确定位线段的中点，患者必须看见完整的一条线段。该实验给左侧视觉忽略症患者带来了巨大挑战，他们对线段的划分可能在中间偏右的位置。由于这些患者忽略了视觉世界的左侧，线段的左端便自然遭到忽略，如此一来，线段看上去更短，线段的中点也就偏向右侧了。

以图 7.1 为例。上方线段的中点是精确的，而下方线段的中点明显偏向右侧，说明它显然是由左侧视觉忽略症患者完成的。

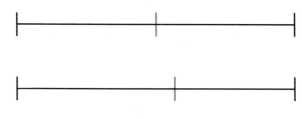

图 7.1　线段中点

简易的临摹练习也可以作为视觉忽略的判断依据。举例来说，视觉忽略症患者只能画出半朵花、半面钟。这种临摹会创造出一些有趣的作品,特别是当要求患者画一面钟时(见图7.2)。大多数视觉忽略症患者能画出整个圆,因为画圆是一个自然而然的动作,一旦开始,没画完都不太可能停手,这完全不需要任何注意力。患者还会将所有的数字加入表盘,但位置和你预想的不同。他们知道表盘上有12个数字,但要把这些数字全塞进去可就难了。

图7.2 视觉忽略

视觉忽略症患者在进行视觉搜寻时也会面临困难。当要求一名左侧视觉忽略症患者将一张包含许多分心物的纸上的星形全部划掉时,他只会划掉右侧的那些。左侧绝大多数的星形被忽略了。通过观察患者的眼球运动,我们发现其视觉忽略非常明显:他的眼睛几乎没有向左边移动。这不是缺乏运动技能导致的,而是左侧注意力缺失导致的。如果该患者完全不去注意左侧,那么他的眼睛根本没有必要向左侧视野移动。

视觉忽略的表现形式多种多样,包括忽略视觉空间的远与近、忽略听觉或视觉信息、忽略身体某些部位、忽略物体的左侧或右侧。在某些患者身上存在一种有趣的忽略现象——忽略记忆中的图像的某些部分。例如,当要求患有左侧视觉忽略的人从特定角度描述其出生地的城镇广场时，他们只会对广场的右侧加以描述。然而，当要求他们假设自己站在广场的另一侧时，他们会对相反一侧进行描述（虽然此时方位发生了改变，但描述的内容仍为他们右手侧的景象）。这表示忽略不仅会影响眼睛所感知的视觉图像，还会影响想象中的图像。更有甚者，一些患者的视觉忽略只存在于假想的图像中。

值得我们注意的还有这一有趣的现象：许多患者在患病一段时间后会采取相应的策略来弥补自身的注意缺陷。因此，在标准神经心理学实验中（如上文提到的线段等分实验和临摹实验），这些患者的表现与常人无异。但这并不代表他们不再受到注意障碍的困扰了。当长期患有视觉忽略的人需要在有限的时间内或有压力的情况下完成实验时，相应的症状可能还是会显现出来。此时在标准实验中用于消除错误的补救策略便不能再为患者所用了。长期患有视觉忽略的人在完成困难的实验时常常表现出轻微的忽略症状。实验的关键问题就在于患者的康复程度。对大脑来说，在车水马龙的街道上穿行比在相对舒适的医院病床上标出线段中点要复杂得多。

忽略和视盲是两码事，千万不能混为一谈。视觉忽略症患者可以看到整个视觉世界，但他们在转移自身注意力时会遇到困难。这和皮质盲（cortical blindness）患者不同。皮质盲可能由脑损伤引起，但通常会影响视皮层，即处理基础视觉信息的区域。右脑损伤也可能导致左视野受损，反之亦然。皮质盲基本上不会影响整个视野，只会影响对神经区域中受损位置进行处理的部位。

皮质盲患者在受到损伤后很快就能察觉自己的问题。他们在知道自己可能缺失了一侧的信息后,会更加频繁地将眼球向该侧移动。在神经心理学实验中,他们通常能画出完整的花朵,也能划掉所有的星形。这些患者常常拄着白色的拐杖外出行走,但其实他们只是看不见视野中的某些部分。皮质盲和眼睛无关,而和大脑中负责处理视觉信息的部位有关。左侧视盲患者经常告诉我他们左眼有问题,后来却发现,闭上左眼后,右眼的左侧部分也受到左眼视盲的影响。这种视盲位于视野中,双眼都可感知。不同于视觉忽略,皮质盲不属于注意缺陷。在视盲区域中,没有能让患者转移注意力的基础视觉信息。不同于视觉忽略症患者,皮质盲患者在受损视野中看不见任何颜色、形状或其他的视觉基础构件。

也许你现在可以想象有时医生要区别视觉忽略和皮质盲有多不容易。这两种疾病的共同点在于,患者都缺失了受损视野中的信息,或是因为注意力缺失,或是因为视觉处理的缺失。设想下列场景:医生让一名患者盯住一个点。同时,一个红色正方形在左视野中短暂出现。患者的任务是描述他发现了什么。此时,视觉忽略症患者和皮质盲患者可能都会说他们什么也没发现。在没有眼球运动参与的情况下,辨别两种疾病的唯一方法是将红色正方形置于视野内。因为不管正方形存在多久,皮质盲患者都无法发现它。而视觉忽略症患者能将注意力转移到视力受损区域,尽管这一过程非常缓慢。从眼球运动的角度对二者加以区分要容易得多：皮质盲患者会将眼睛移至左侧，因为他知道那儿可能存在信息。重度视觉忽略症患者则不会有这种反应。

现如今，医务人员仍在竭力探索二者的康复手段。皮质盲通常被认为是一种永久性疾病，没有痊愈的可能。市场上有各类软件包，声称可以缩小失明区域，但在康复中心软件包并不常用。在过去的几年间，许多研究表明，在某些情况下，参加复健训练能帮助缓解失明症状。训练过程中，患者需要在视盲区域中辨别各种各样的物体。一些患者的视力恢复主要集中于视盲区域的边缘。有时成效微乎其微，而有时视盲能好转一半。

针对视觉忽略也有许多不同的训练方法，但由于缺乏拥有足量患者的对照研究，训练效果仍有待证明。另一个问题在于，视觉忽略种类繁多，各种训练方法或许只对其中一种特定的症状起作用。要弄清哪种训练方法对哪种类型的视觉忽略有效，需要大量时间，更别提经济支持了（研究所需资金通常由大型制药公司提供）。不过，初步成果依然喜人。例如，棱镜眼镜能缓解某些患者的视觉忽略。这种眼镜的镜片经过抛光，佩戴后可以使视觉世界发生弯曲，从而使视觉信息呈现的位置不同于实际位置。佩戴这种眼镜一段时间后，患者能从桌上成功拿起物体，而不用再瞎抓一气了。那时候，他们已经"适应"了。摘掉眼镜后，这种适应性会迅速消失，不过通过反复练习，可以将适应转化为长久的习惯。由此看来，似乎棱镜适应能重置注意力系统。这听着可能有点不清不楚，但目前这是最好的解释了。至于究竟哪些患者可以从该方法中获益、棱镜适应具体如何起作用,还需要进行更多实验。

一些皮质盲患者能对视盲视野内的信息作出反应。他们的皮质盲似乎是相对的。例如,有些患者能说出视盲视野内的四盏灯点亮了几盏,其正确率比凭空猜测来得高。这对他们来说并不容易,就好比我在跟你通电话时要你说出我伸了几根手指一样。或许你会拒绝回答,你怎么会知道答案?然而,当要求这些患者猜测亮着的灯是哪一盏时,他们的正确率普遍都在25%以上,而凭空猜测的正确率仅为25%。当实验中涉及运动时,结果也是如此。患者能够正确说出物体是向上还是向下运动,但他们其实无法真正看清物体所做的运动。这一现象也存在于其他与感知物体相关的基础构件上,如颜色和方位。有趣的是,这些患者从来不会说他们看见了绿色还是红色,只有在必须对颜色做出猜测的时候他们才会说出来。当位于视盲区域的物体不会对患者的行为造成影响时,这种现象被称为"盲视"。

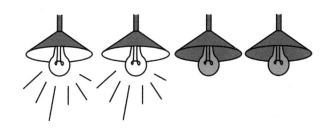

盲视是如何形成的?大脑后方的视皮层负责处理我们的视觉信息,这样我们才能看得见物体。该区域受损会导致皮质盲。

然而，由于大脑是一个巨大的网络，视觉信息也在大脑的其他部位存在。其中一些部位也会接收视觉信息，但对视觉信息的处理达不到视皮层的水平。与视皮层不同，这些部位的信息处理不会带来"有意识感知"。举例来说，到达上丘（位于中脑内）的信息很大程度上决定我们眼睛聚焦的位置。实验表明，皮质盲患者的视盲视野中的醒目的分心物会影响其眼球运动。然而，这是真的对患者有利，还是仅仅是另一个有趣的实验发现，我们还无从得知。可能的情况是，相较于视盲视野中没有激起患者反应的物体而言，突然出现的醒目物体会在患者的视盲视野中更迅速地带来条件反射式的眼球运动。

在盲视病例中，患者的大脑可以获知新的视觉信息，但却不能有意识地进行信息获取。需要特别强调，大部分皮质盲患者并未出现这些现象（尽管也有可能是因为还有待进一步实验）。为什么一些患者会出现这些情况，而另一些却不会，原因尚不明确。研究表明，双眼和中脑的联系或许起了一定作用，但也可能是患者视皮层受损的区域有限，尽管缺少了有意识感知的参与，也许还有其他独立运行的正常神经元，这就使得对于获知新视觉信息的条件反射成为可能。

关于盲视的研究引发了一个有趣的问题：那些人们发现不了却确实被双眼捕捉到了的信息会带来什么影响？我们已知我们只能对视网膜上的那一小部分的视觉信息做出反应，让我们把这种视觉信息称为"有意识信息"吧。你只能"意识到"所有接收到的视觉信息中极为有限的一部分。其余的信息也会在大脑中进行加工，但你仍然意识不到，这与盲视的情况一致。一个有趣的现象能够解释无意识信息造成的影响——"注意瞬脱"。注意瞬脱发生在需要迅速对大量视觉信息进行处理时。例如，受试者需要说出在许多黑色字母中的两个红色字母是什么。每个字母在屏幕中央的固定地点依次出现，出现时间只有100毫秒。不过100毫秒已经足以让受试者看清每个字母，他们通常能说对第一个红色字母。至于第二个红色字母，那就更有意思了。如果它紧挨着第一个红色字母，受试者通常能顺利说出，但如果两个红色字母之间穿插了一些黑色字母（大概五个以内），大部分受试者就无法说出第二个红色字母是什么了。当两个红色字母之间的黑色字母超过五个时，受试者就又能答出第二个字母是什么了。

这表明我们在利用工作记忆存储一个字母后，注意力出现了短暂的关闭。由于要答出两个红色字母分别是什么，受试者不仅必须要识别出第一个红色字母，还要在每个字母展示结束后能回忆起这个字母。因此，在受试者存储第一个字母的时候，他们无法对其他字母加以辨识，就好像注意力在一瞬间脱离了身体（"注意瞬脱"因此得名）。触发注意瞬脱需要一点时间，这便解释了为什么第二个红色字母紧随第一个之后时，存储能够实现。该实验结果的有趣之处在于，即便第二个红色字母在空荡荡的屏幕上显示了100毫秒之久，它还是逃脱了受试者的注意。当然，说它逃脱了受试者的有意识感知更加准确。毕竟大脑的确对第二个红色字母进行了处理，只不过受试者还是说不出它是什么罢了。

在如此快速的信息流中,第二个红色物体的处理程度如何?到现在为止,我们考虑的仅仅是在黑色字母中加入了一个红色字母的情况,但当第二个目标物变为对于受试者而言的重要信息时,注意瞬脱的频率会大大降低。好像我们确实可以辨识出第二个目标物,但前提是瞬脱发生时接收到的信息对我们具有重要性。这听上去可能很矛盾,但至于何种无意识信息能渗入我们的意识,这是由外界决定的,而非我们自身的选择。例如,当要求受试者在信息流中找到指定颜色时,第二个单词的情感色彩会影响注意瞬脱的时长。与不带任何负面情感色彩的词语相比,当具有消极含义的词语(如"战争")作为第二个目标物出现时,受试者实现顺利辨识的概率更高。由于屏幕上出现的所有词语都经过了加工处理,从语义层面上来说,受试者的大脑了解词语的含义。该了解是判断词语重要与否的必要依据。在这个搜寻带有特定表情的脸的实验中,类似的注意瞬脱的时长会缩短。结果表明,在注意瞬脱期间,愤怒的表情比平静的表情更容易被受试者识别。毒蜘蛛的图像也更容易被识别,而对蜘蛛恐惧症患者来说,注意瞬脱的时长更是大大缩短了。

暂退一步,厘清注意力和意识之间的关系或许大有裨益。这个话题充满争议,常常在科学界中引起争论。依我之见,由注意瞬脱的结果可知,即便受试者无法说出第二个物体,该物体仍然得到了处理,甚至这种处理达到了让受试者明白信息含义的程度。注意瞬脱中物体的含义决定了对该物体的记录是位于有意识还是无意识层面。我们已知辨识物体需要注意力的参与，这意味着注意力对于意识而言是至关重要的先决条件，我们只能意识到自己关注的信息。然而我们无法注意到全部的信息。在我们的注意力为特定物体所吸引，进而辨识出该物体后，我们仍然要决定该物体的信息是属于有意识还是无意识层面。

我们再来看一些注意瞬脱的例子。所有的单词都显示于屏幕中央，因此注意力自然集中于此。所有的单词一个接一个地出现，陆续进入"注意窗"。这也解释了为什么所有单词的处理水平都达到了语义以上。然而，在注意瞬脱发生时，我们注意不到屏幕上显示的单词。事实上，"注意瞬脱"这个术语可能有点歧义：发生瞬脱的不是你的注意力，而是你的意识。

减少注意瞬脱的方法有很多。荷兰科学家海琳·斯拉格特（Heleen Slagter）和她的同事发现了一种能够减少注意瞬脱的冥想。受试者参与了长达三个月的集中内观训练，这是冥想的一种，使用的许多技巧与正念相同。相较于完全没有接受过任何冥想训练的受试者，接受过训练的受试者能更好地识别第二个目标物。尽管在实验中受试者并没有真正进行冥想，但由于参加了之前的训练，他们的表现还是更胜一筹。实验表明，虽然受试者只需要在记忆中存储第一个目标物的信息，但他们依然能对所有的信息存有意识。

冥想教你如何在面对新的视觉信息时表现得更为温和，从而让你更不容易忽略其他信息。当受试者不需要全神贯注于搜寻两件目标物时，注意瞬脱会减少。实际上，如果想要通过提供一些奖励来鼓励受试者超常发挥,反而会适得其反。因为在这种情况下,受试者的精力会过分集中,在看到第一个目标物后便过快地关上了注意之门,这时常导致他们与第二个物体失之交臂。最好的方法是放松身心,不要太过于担心自己的表现。你的思维处于一种越放松的状态,你对外界越能打开内心。希望大家能记住这一点,毕竟它什么时候能派上用场我们永远无从得知。

注意力集中程度对于注意瞬脱强度的影响或许可以解释有时同一组受试者的注意瞬脱为什么存在天壤之别。与此同时,注意瞬脱并不会发生在所有的受试者身上。进行实验时,未发生注意瞬脱的受试者展现出了不同的大脑活动。他们似乎能更快地处理信息,因此在信息获得意识上,他们具有更大的灵活性。其他研究将未发生注意瞬脱和开朗、外向等性格特质联系起来。另一方面,注意瞬脱更容易发生在表现出神经质倾向的人身上。与视觉感知相比,我们现在可能踏入了一个专业术语尚不完备的领域,不过这些研究表明意识过滤对每个人的作用方式不尽相同。

将注意瞬脱的研究成果运用于现实世界并非易事。在现实世界中,我们不断地遭受各类视觉信息的"狂轰滥炸",大脑必须选择注意哪些信息、忽略哪些信息。研究表明,信息的相关性至关重要:我们会意识到相关的信息,忽略其他无关信息。

无意识信息的处理若能上升到语义层面,一定也能在无意识层面对人们施加影响。为了进一步探讨这一问题,我们首先要回顾一下"视觉掩蔽"的概念。视觉掩蔽实验会对信息（如单词）进行短暂展示。受试者意识不到该单词，因为该单词出现的位置上存在许多新的视觉信息（即所谓"掩蔽"），它们在单词消失后立刻出现。这层掩蔽会将短暂呈现的单词阻隔，因此受试者无法意识到它。掩蔽消失后，取而代之的是清晰可见的新单词，受试者的任务是辨认这个单词的拼写是否正确。当受到掩蔽的单词的含义与下一个单词存在联系时，受试者的反应要比二者没有联系时迅速许多（例如，当受到掩蔽的单词为"护士"时，如果其后的单词是"医生"，受试者的反应要比紧接着的是"面包"时迅速得多）。该效应被称为"阈下启动"或"无意识启动"。

阈下启动是每个广告商的梦想。谁不想在消费者不知不觉中对其施加影响呢？仅仅通过在随机条件下、以消费者察觉不到的方法呈现信息，你就能让他们做几乎任何事情。这种广告被许多国家明令禁止，这确实不足为奇。

但是，阈下启动真的能发挥作用吗？你或许听说过关于一则"臭名昭著"的可口可乐广告的往事——1957年，营销专家詹姆斯·维卡里（James Vicary）在新泽西一家电影院上映的电影中插入了"喝可乐""吃爆米花"的字样。据称，如此一来观影者便无法有意识地察觉这些信息。这些字样在屏幕上呈现的时间仅约0.033秒。依维卡里所言，该广告使得产品销量大幅上涨：可口可乐销量上升18%，爆米花销量激增58%。这成了当时全美的头条新闻，举国上下强烈抗议。再后来，真相大白，这完全是一个虚构的故事。维卡里编造了这一切,为的是让大家注意到他的营销公司。此后,科研人员也试图运用传统方法开展同类研究,但绝大多数实验都无法证实阈下信息对受试者的行为到底有无影响。然而,有一个例外:当阈下获取的信息和受试者的目标物相吻合时,受试者的行为会受到影响。例如,像"喝可乐"这样的短语只有当受试者真的渴了并且想找点饮料喝的时候(实验前受试者需要吃一些咸的东西)才会对受试者的行为产生影响,否则这类信息在广告中根本起不到任何实际效果。需要指出的是,这些实验的过程非常短暂。实际效果可能是暂时的,可能在尝试影响受试者的几分钟后就消失殆尽。

然而,关于阈下启动的其他阴谋论比比皆是。例如,在乔治·W. 布什(George W. Bush)与阿尔·戈尔(Al Gore)竞选总统期间,乔治·W. 布什发表的一次政治演讲播报中,在戈尔的名字出现后,屏幕中短暂且单独出现了"老鼠"一词,该词是"官僚主义者决定"中的一部分。该词出现的时间要早于其余句子成分，但剪辑人员否认了所有的不当行为，称这并非故意为之。然而，此类事件还远远没有完结。2007年，相似事件再次在美国重演，电视节目《铁人料理》(Iron Chef)的其中一集中短暂出现了麦当劳的标志（麦当劳为该节目的赞助商之一）。无独有偶，制作人再次否认一切，把这个小插曲归咎于技术故障。

一些电影导演公开承认使用了阈下信息，甚至将其视为个人标志。电影《搏击俱乐部》(Fight Club)中充斥了各种没有任何明显意图的阈下图像。制作人显然难以让电影公司的质控人员相信这些图片是特意插入而非人为失误的结果。

在阈下启动中，信息在被掩蔽前进行了极为短暂的展示。此外还有技术能让信息展示数秒却不引起受试者的注意。这些技术利用了一个事实：我们的双眼通常注视着同一幅图像。根据镜像原理，使用两块屏幕可以实现一只眼睛看一幅图像。起初，受试者只能看到一幅图像，没有任何重叠。然而，一段时间后，他们能慢慢看清第二幅图像，且两幅图像交替出现。这导致了图像间的竞争，称为"双眼竞争"。当然，你可以确保其中一个图像足够强势，能一直占据上风。举个例子，当你的一只眼睛看着动态图像（如黑白相间的斑点），而另一只眼睛看着静态图像时，哪怕你已经注视它们长达数秒，你也永远无法说出静态图像的内容。有趣的是，其中一幅图像在几秒内完全可见，并投影至一只眼睛上，这些都和皮质盲患者的情况类似，但区别在于皮质盲患者的大脑存在损伤。

这种技巧使得研究阈下信息对大脑完好的受试者的作用成

为可能。最引人入胜的例子莫过于向受试者"受到抑制"的眼睛展示色情图片的一次实验。除了移动的黑白色斑点外，受试者无法说出自己看到了什么。即便如此，当目标物出现在和色情图片相同的位置时，受试者却能做出更快的反应。这种快速反应只会在如下情况下显而易见：男性看到受到抑制的裸体女性图片，女性看到受到抑制的裸体男性图片。当然，受试者对这些图像的处理程度取决于受试者的性取向。

对这一技术进行小小的调整后，受到抑制的图像最终可以被受试者看见。这需要逐步强化受到抑制的图像。这个图像刚开始不太清晰，但在一秒钟后就变得非常清晰了。受到抑制的图像得以冲破斑点图的束缚。这种技术可以用来研究一幅图像要渗透视觉意识需要多长时间。重要信息永远比其他信息的传播速度更快。与此前的结论相同，我们的大脑会根据图像内容决定哪些信息将优先得到关注。

例如，我们发现，正是工作记忆的内容决定了我们对一幅图像的重视程度。我们让许多受试者试着回忆一种颜色。在这种颜色切实存在于他们的记忆中后，我们再向他们受到抑制的眼睛展示一幅图像。当这幅图像的颜色和受试者工作记忆中储存的颜色一致时，渗透时间会大大缩短。这似乎表明，我们的大脑始终忙着把相关信息置于优先位置。回想一下此前举过的一个例子：一次聚会上，你怎么都无法将那个穿着红色衣服的人从脑海中抹去。这种情况下，不仅你的注意力被视线范围内的所有红色服装吸引，而且所有其他的红色信息也会更迅速地渗透你的视觉意识。

　　油漆工汉克的表现也受到视觉忽略的影响。有一个例子能很好地佐证受忽略的视野中的信息会造成什么影响。该实验中,两幅线条画展示了上下两座房子,受试者患有左侧视觉忽略。受试者需要说出自己更愿意住在哪座房子里。除了一处细节外,这两座房子完全一致:下方的房子里有火焰冒出。火焰位于房子的左侧,因此患者注意不到它。然而,当需要在二者中做出选择时,患者说她偏爱上方的房子(即没着火的那座)。虽然不知为什么,但她的选择非常明确,无须直言"住在起火的房子里可能不太舒服"。

　　至于受到忽略的信息会产生何种影响,对于视觉忽略而言,其情形和注意瞬脱大致相同:在某些患者身上,信息的处理达到了语义层面的高度。例如,相较于在语义层面与"树"没有关联

的图像,让苹果的图像短暂呈现在受到忽略的视野中,此后再让"树"这个单词出现在完好的视野中时,患者的反应会加快。这意味着,在受到忽略的视野中,视觉信息的基础构件互相联系,同时患者的大脑确实可以得知自己忽略的物体是什么。因此,视觉忽略不应被视为无法将注意力转移至受忽略区域的症状。当完好的视野中没有其他试图争夺注意力的信息时,受到忽略的视野中突然出现的信息会带来注意力转移,但这种突然出现的信息并不会渗透患者的意识。这种情况下,注意力对于患者得知物体是什么已经足够,而对于渗透患者的意识还不够。值得一提的是,该结论只适用于不存在其他视觉信息的情况。如果完好的视野和受到忽略的视野中同时各出现一幅图像,患者的注意力会不可避免地全部集中于完好的视野中,从而受到忽略的视野就无法对信息进行任何进一步的处理。

汉克的例子清晰地阐明了我们没注意到的信息经历了什么。因为转移注意力的能力有限,我们不能每时每刻把外部视觉世界中的细节信息尽收眼底。这也许解释了为什么注意力架构师全副武装,决心为赢得我们的注意力而战。毕竟,谁吸引了我们的注意力,谁就可能潜入我们的意识中,哪怕只有零点几秒的时间。其余的信息则会遭到忽略。对于注意力架构师而言,没有什么比人们忽略他的信息来得更糟糕了。

时至今日,我依然认为剧院中的聚光灯是解释注意力的绝佳隐喻之一。这种比较自是正确,除了一个极为重要的细节外:在剧院中,我们没法自己控制聚光灯,但我们的注意力尽在我们的掌握之中。然而,在某些情况下,我们成了自身条件反射的受害者,我们的注意力会不自觉地被外界的信息所吸引。有些时候我们对此无能为力,但仅仅知道外界信息能吸引我们的注意力这一点,也会对我们有所帮助。例如,当你真的需要专注某件事时,你可以把自己的"聚光灯"调小,小到让你忽略周围的一切。然而,至于你对周围一切事物的忽略能达到何种地步,这是有一定上限的。例如,你需要依靠条件反射来承担应对险情的重任。不幸的是,这些条件反射也可能被"误用",使得外界信息成功入侵。在我们四周,各种屏幕竞相争夺我们的注意力,那些最谙于注意力法则的架构师们往往脱颖而出。

现如今,关于日益纷繁的视觉世界对我们注意力的影响,人们展开了许多讨论。例如,有人称孩子无法再把注意力长时间集中于任何事情,因为纷至沓来的信息数不胜数。这种说法尚未得到科学验证,事实真相也许没有我们想得那么简单。也可能我们对注意力的控制力正在不断提升,因为我们对外界信息越来越习以为常。以"广告视盲"及我们应对网页上漫天飞舞的各种广告的擅长程度为例。我们都知道,要在包含了种种分心物的新环境中寻找出路,一开始并不容易。但是当你处在熟悉的环境里时,哪怕周围分心物数目繁多,你的人生阅历依然能让你知道自己的位置。因此,认为我们注意力不断下降的任何论断都显得太过草率:注意力完全由所处环境决定。由于环境不同,人生阅历和期待也会随之改变。无论什么情况下,我们都绝不可能成为反射性注意力的奴隶。我们能运筹帷幄,知道如何快速转移注意力,从而高效地畅游大千世界,不受外界信息的干扰。

无须成为趋势观测者我们就能预测出我们的眼球运动在未来会得到更密切的探查。眼球仪的出现让注意力架构师得以窥探我们对什么信息感兴趣。这是名副其实的信息金矿。无论是谁,只要知道我们在注意什么,就能知道我们的兴趣所在。你甚至用不着再询问别人喜欢什么,只需要追踪他的眼球运动即可。当然,要想接收来自他人的信息,你得先让他看向你的方位,这个前提至关重要。如果大家没有看到你的广告,或者产品在商店中被摆放在了错误的位置,那么就根本没有人要买你的产品了。

这便是注意力法则。注意力过滤掉外来的信息。但这如何影响我们对视觉世界的体验呢?放下本书后,认真看看四周。你能获取哪些信息?如果我们与视觉世界的接触如此有限,我们所拍摄的电影、所在的电影院又在何种程度上准确反映了周围的世界?这真不太好说。但我们周围的世界实际上等同于我们的世界,这种说法在任何条件下都足够确凿。我们会在对的时机把注意力转移到对的地方。冰箱里的灯永远亮着。但是,恰恰是当事情出了岔子时我们才意识到,我们纵观大局的能力只是一种幻觉罢了。还记得本书开头关于隧道路障的事例吗?不妨再想想驾驶员究竟为什么会看不到路障呢。

致谢

1890年,当代实验心理学鼻祖威廉·詹姆斯写道:"人人皆知注意力为何物。"从"注意力"一词的日常使用看来(我的注意力总是不断游移……),该观点也许不无道理,但它并不适用于注意力的科学研究。本书尝试解释目前对于"视觉注意"的科学研究能给我们带来哪些启示。不过,距今一百多年的知识很可能已经完全被时代淘汰了。这原本就是客观规律。科学是一个动态的过程,新发现建立在现有知识的基础之上。甚至本书中的部分实验结果都可能过期了。这些实验结果在我眼中熠熠生辉,但这毕竟只代表个人看法,我所作的论断难免会遭到质疑。然而,我的主要目标是写一本人人都能看懂的书。这也就表示我无法一一阐述书中所有的细微差别或矛盾之处。科学永无止境。但这不意味着对科学的追求是徒劳一场。恰恰相反,一点一滴积累起来的新知识能让我们更加了解事物运行的方式,帮助我们更好地理解周围的世界。

就本书中的大部分内容而言，也许读者们能形成广泛的共识，但分歧仍然存在。当我决定写一本书来吸引科学界以外的读者时，我的目标不是把当今科学界的争论事无巨细地呈现在读者面前，而是解释我们对于注意力的认识如何反映我们的日常生活。我知道我笔下的部分文字会让一些同行心生疑云，但我希望能激发读者的些许热情，让读者对我们孜孜以求、不懈解答的问题，我们进行的实验的美妙之处产生兴趣。我的工作中最令我痴迷的莫过于：设计实验以更好地理解人类行为。对脑损伤患者加以研究扩大了上述研究的范畴，同时我们也能了解大脑受损时其他部位会出现何种异样。

也许你会发觉本书中提及的大部分研究都是在荷兰开展的。这当然不是巧合，因为很多研究都是我的同事完成的，因此我对它们了如指掌。但是，引用来自荷兰的实验数据不止这一个原因。荷兰在实验心理学和神经心理学方面的确堪称世界领袖。在这些领域内，我们不但拥有深厚的传统，还拥有无私奉献的领军人才，正是他们的付出让科学之火熊熊燃烧。

我的同事们热心浏览了本书的大部分章节。我想特别感谢我的博士生导师——扬·泰乌斯。他鼓励我用批判的眼光看待自己的实验结果，他教育我切勿在科学疑团尚未解开时做出论断。但愿我没有辜负他的教导，能够将这个分寸拿捏得恰到好处。本书中许多实例也是我从导师那里借鉴来的。扬·泰乌斯是阿姆斯特丹自由大学认知心理学系主任，该校因其在视觉注意方面的开创性研究而闻名。能顺利取得该校的博士学位,我永远心怀感恩。此外我还要感谢阿姆斯特丹自由大学的另一名注意力专家克里斯·奥利韦斯,他不但给了我灵感,还为我校对了书中的多个章节。

亥姆霍茨研究所(Helmholtz Institute)的同事们非常热情地帮我校对了本书。我想特别感谢伊尼亚斯·霍赫(Ignace Hooge)和克里斯·帕芬(Chris Paffen)。行文过程中,我险些失掉了关于基础感知的思路,多亏他们及时出手相助。伊尼亚斯还向我提供了许多杰出案例,展示了我们的研究在日常生活中的体现。亥姆霍茨研究所是绝佳的工作场所。感谢阿尔贝特·波斯特马(Albert Postma)的大力支持。感谢塔尼娅·奈波尔(Tanja Nijboer)在合作研究中带来的所有欢乐。

感谢弗兰斯·韦斯特坦恩(Frans Verstraten)和维克托·拉米(Victor Lamme)对本书初稿的建设性批评。

我还想感谢"注意力实验室"的每一位成员,因为有了你们,才有了那些超凡的研究,才有了等待我们探索的美妙想法,你们让我从合作中感受到纯粹的乐趣,让我每一天都受益匪浅。在此也向过去多年间我有幸指导过的全体学生致以相同的谢意。

我非常感激伊娃·范登布鲁克(Eva van den Broek),当我的书还处于"初步设想"的阶段时,她将我推荐给了一家优质的出版社。在出版荷兰语版原书的过程中,马文(Maven)出版社的工作人员提供了极大的帮助。桑德尔·吕斯(Sander Ruys)觉得我的设想可圈可点,于是我们共同制订了出版计划。艾玛·蓬特(Emma Punt)担任责任编辑,为我指出了书中可能会让读者不感兴趣的薄弱之处。有时候,我很难相信他人会像我一样对阅读关于某种现象的某一实验感兴趣。好在我现在对此有了更深入的理解。十分感谢莉迪娅·布斯特拉(Lydia Busstra)为宣传本书付出的努力。

至于本书的国际版,我想向承担翻译工作的丹尼·吉南(Danny Guinan)和麻省理工学院出版社的安妮-玛丽·博诺(Anne-Marie Bono)、凯瑟琳·阿尔梅达(Katherine Almeida)致谢。此书受到麻省理工学院出版社的青睐,这实在是我的荣幸。

我有许多来自世界各地的优秀的合作伙伴、朋友和导师,他们完善了我的研究,帮助我理解视觉注意,让这项工作充满趣味。感谢珍妮特·巴尔蒂图德(Janet Bultitude)珍视我们的友谊,同时给了我第七章中油漆工汉克的灵感。

每天夜里,当我在阁楼写作时,珍妮(Jannie)会为我端来茶水,偶尔也会和我聊上几句。长达17年的共同生活使她对我的秉性了如指掌。我感到非常幸运,因为我还有贾斯珀(Jasper)和梅雷尔(Merel),他们时不时会在我乱写一气时把我从书桌前拽走。他们从来不会过多地引起我的注意(也许周日早晨是个例外)。我为他们俩倍感骄傲。

我也想借此机会感谢我的父母和妹妹。对于他们的付出,我不胜感激。

最后,感谢你,读者朋友,这本书是否实现了我预期的目标,决定权在你的手中。因此请将你的想法告诉我,不要犹豫。与此同时,非常感谢你的关注。

注释

题记

James, William. (1890). *Principles of psychology* (p. 403). New York, NY: Holt.

前言

追捕嫌犯时的"无意视盲"

Chabris, C., Fontaine, M., Simmons, D., & Weinberger, A. (2011). You do not talk about fight club if you do not notice fight club: Inattentional blindness for a simulated real-world assault. *i-Perception*, 2, 150-153.

第一章

世界是个外接硬盘

O'Regan, J. K. (1992). Solving the "real" mysteries of visual perception: The world as an outside memory. *Canadian*

Journal of Psychology, 46, 461-488.

场景的快速处理
Potter, M. C. (1976). Short-term conceptual memory for pictures. *Journal of Experimental Psychology: Learning, Memory, and Cognition*, 2(5), 509-522.

关于"信息肥胖症"的思考——源自克里斯·奥利韦斯教授的演讲
Olivers, C. (2014). *iJunkie: Attractions and distractions in human information processing*. VU University, Amsterdam.

虚拟现实如何适应我们的感知
Reingold, E. M., Loschky, L. C., McConkie, G. W., & Stampe, D. M. (2003). Gaze-contingent multiresolutional displays: An integrative review. *Human Factors*, 45(2), 307-328.

第二章
拉德布罗克格罗夫站火车相撞事故
UK Health and Safety Commission. (2000). The Ladbroke Grove Rail Inquiry.

感谢伊尼亚斯·霍赫向我传授了关于可见性和醒目性方面的知识。在为乌得勒支大学心理学专业学生开设的讲座中,伊尼亚斯用到了许多相关例子。也感谢他欣然应允我使用其中的例子。

消防车的可见性和醒目性

Solomon, S. S., & King, J. G. (1997). Fire truck visibility. *Ergonomics in Design*, 5(2), 4-10.

第三制动灯的成功

Kahane, C. J. (1998). The long-term effectiveness of center high mounted stop lamps in passenger cars and light trucks. *NHTSA Technical Report Number DOT HS*, 808, 696.

"网红连衣裙"与颜色恒常性

Lafer-Sousa, R., Hermann, K. L., & Conway, B. R. (2015). Striking individual differences in color perception uncovered by "the dress" photograph. *Current Biology*, 25, R1-R2.

Clearview 字体

Garvey, P. M., Pietrucha, M. T., & Meeker, D.

(1997). Effects of font and capitalization on legibility of guide signs. *Transportation Research Record*, 1605, 73-79.

黄斑变性

Van der Stigchel, S., Bethlehem, R. A. I., Klein, B. P., Berendschot, T. T. J. M., Nijboer, T. C. W., & Dumoulin, S. O. (2013). Macular degeneration affects eye movement behaviour during visual search. *Frontiers in Perception Science*, 4, 579.

黄斑变性患者的阅读能力

Falkenberg, H. K., Rubin, G. S., & Bex, P. J. (2006). Acuity, crowding, reading and fixation stability. *Vision Research*, 47(1), 126-135.

"偏心注视"眼镜

Verezen, Anton. Eccentric viewing spectacles. Thesis, Radboud University, Nijmegen.

强制性视力测试

扬·泰乌斯曾发表过一篇关于强制性视力测试的文章,详见 2004 年 7 月 9 日版《荷兰商报》(*NRC Handelsblad*)。在文中,泰乌斯称,光学配镜师是唯一可以从此类视力测试中受益的人。

Wolfe, J. M., Kluender, K. R., Levi, D. M., Bartoshuk, L. M., Herz, R. S., Klatzky, R., et al. (2015). *Sensation & Perception*. Sunderland, MA: Sinauer Associates.

乌得勒支大学心理学学位课程"感觉与知觉"(Sensation & Perception)将上述著作列为盲点、视网膜生理机能和对处理基础构件负责的大脑区域等主题的普通参考书目。

第三章
公共卫生普查中 X 光筛查的敏锐程度
Setz-Pels, Wikke. Improving screening mammography in the south of the Netherlands: Using an extended data collection on diagnostic procedures and outcome parameters. Thesis, Erasmus University, Rotterdam.

放射科医师和看不见的大猩猩
Drew, T., Vo, M. L.-H., & Wolfe, J. M. (2013). The invisible gorilla strikes again: Sustained inattentional blindness in expert observers. *Psychological Science*, 24(9), 1848-1853.

多重扫描中的隐形导丝

Lum, T. E., Fairbanks, R. J., Pennington, E. C., & Zwemer, F. L. (2005). Profiles in patient safety: Misplaced femoral line guidewire and multiple failures to detect the foreign body on chest radiography. *Academic Emergency Medicine*, 12(7), 658-662.

"深挖者"与"扫描者"的区别

Drew, T., Vo, M. L.-H., Olwal, A., Jacobsen, F., Seltzer, S. E., & Wolfe, J. M. (2013). Scanners and drillers: Characterizing expert visual search through volumetric images. *Journal of Vision*, 13(10), 3.

安检扫描仪操作员的搜寻方法

Biggs, A. T., Cain, M. S., Clark, K., Darling, E. F., & Mitroff, S. R. (2013). Assessing visual search performance differences between Transportation Security Administration Officers and nonprofessional visual searchers. *Visual Cognition*, 21(3), 330-352.

Wolfe, J. M., Brunelli, D. N., Rubinstein, J., & Horowitz, T. S. (2013). Prevalence effects in newly trained airport checkpoint screeners: Trained observers miss rare targets, too. *Journal of Vision*, 13(3), 33.

Mitroff, S. R., Biggs, A. T., Adamo, S. H., Wu Dowd, E., Winkle, J., & Clark, K. (2014). What can 1 billion trials tell us about visual search? *Journal of Experimental Psychology: Human Perception and Performance*, 41(1), 1-5.

注意力：视觉基础构件组合体

Treisman, A. M., & Gelade, G. (1980). A feature-integration theory of attention. *Cognitive Psychology*, 12, 97-136.

"错误绑定"的视觉对象

Treisman, A., & Schmidt, H. (1982). Illusory conjunctions in the perception of objects. *Cognitive Psychology*, 14, 107-141.

Friedman-Hill, S. R., Robertson, L. C., & Treisman, A. (1995). Parietal contributions to visual feature binding: Evidence from a patient with bilateral lesions. *Science*, 269, 853-855.

"有效视野"训练

Ball, K., Berch, D. B., Helmers, K. F., Jobe, J. B., & Leveck, M. D. (2002). Effects of cognitive training interventions with older adults: A randomized controlled trial. *Journal of the American Medical Association*, 288(18), 2271-2281.

"无意视盲"

Mack, A., & Rock, I. (1998). *Inattentional blindness*. Cambridge, MA: MIT Press.

飞行员因平视显示器引发的"无意视盲"

Haines, R. F. (1989). A breakdown in simultaneous information processing. In G. Obrecht & L. W. Stark (Eds.), *Presbyopia research: From molecular biology to visual adaptation* (pp. 171-175). New York, NY: Plenum Press.

"变化盲视"

O'Regan, J. K., Rensink, R. A., & Clark, J. J. (1999). Change-blindness as a result of "mudsplashes". *Nature*, 398(6722), 34.

目击者陈述中的"变化盲视"

Nelson, K. J., Laney, C., Bowman Fowler, N., Knowles, E. D., Davis, D., & Loftus, E. F. (2011).

Change blindness can cause mistaken eyewitness identification. *Legal and Criminological Psychology*, 16, 62-74.

电影中的"变化盲视"

Smith, T. J., & Henderson, J. M. (2008). Edit blindness: The relationship between attention and global change blindness in dynamic scenes. *Journal of Eye Movement Research*, 2(2), 6.

第四章
弹出效应

Itti, L., & Koch, C. (2001). Computational modelling of visual attention. *Nature Reviews. Neuroscience*, 2(3), 194-203.

自发吸引注意力

Theeuwes, J. (1992). Perceptual selectivity for color and form. *Perception & Psychophysics*, 51, 599-606.

驾驶舱内注意力如何被自发吸引

Nikolic, M. I., Orr, J. M., & Sarter, N. B. (2004). Why pilots miss the green box: How display context undermines attention capture. *International Journal of*

Aviation Psychology, 14(1), 39-52.

人脸如何自发吸引注意力

Langton, S. R. H., Law, A. S., Burton, A. M., & Schweinberger, S. R. (2008). Attention capture by faces. *Cognition*, 107(1), 330-342.

蜘蛛如何自发吸引注意力

Lipp, O. V., & Waters, A. M. (2007). When danger lurks in the background: Attentional capture by animal fear-relevant distractors is specific and selectively enhanced by animal fear. *Emotion*, 7(1), 192-200.

使人产生痛感的物体如何自发吸引注意力

Schmidt, L. J., Belopolsky, A., & Theeuwes, J. (2015). Attentional capture by signals of threat. *Cognition and Emotion*, 29(4), 687-694.

Mulckhuyse, M., Crombez, G., & Van der Stigchel, S. (2013). Conditioned fear modulates visual selection. *Emotion*, 13(3), 529-536.

将注意力从自己的脸上转移

Devue, C., Van der Stigchel, S., Brédart, S., &

Theeuwes, J. (2009). You do not find your own face faster; you just look at it longer. *Cognition*, 111(1), 114-122.

对带有具体特征的目标物的选择性搜寻

Egeth, H., Virzi, R. A., & Garbart, H. (1984). Searching for conjunctively defined targets. *Journal of Experimental Psychology: Human Perception and Performance*, 10, 32-39.

自发性和有意性注意力转移

Posner, M. I., & Cohen, Y. (1984). Components of visual orienting. In H. Bouma & D. G. Bouwhuis (Eds.), *Attention and performance X: Control of language processes*, 531-556. Hillsdale, NJ: Lawrence Erlbaum Associates.

面部线索带来的注意力转移

我们如何得知面部线索是否真的会引起注意力的自发转移？对该问题作出回应的最佳实验操作也是相当简洁明了。在实验中，面部线索对于目标物出现位置的指示正确率仅为25%，而非50%。这意味着在绝大多数情况下受试者获得的都是相反的提示，因此他们完全不需要把注意力转移至面部所指示的方向。然而，受试者却抑制不了对面部线索的注意。假如在误导性的面部线索出现后，目标物立刻出现，受试者的注意力仍然会转移到面部所指示的方向。只有当面部和目标物的出现间隔更长时，更快地将注意力转移至面部线索指示的相反方向才会成为可能。

Driver, J., Davis, G., Ricciardelli, P., Kidd, P., Maxwell, E., & Baron-Cohen, S. (1999). Gaze perception triggers reflexive visuospatial orienting. *Visual Cognition*, 6 (5), 509-540.

Friesen, C. K., Ristic, J., & Kingstone, A. (2004). Attentional effects of counterpredictive gaze and arrow cues. *Journal of Experimental Psychology: Human Perception and Performance*, 30, 319-329.

面部线索对于自闭症儿童注意力转移的影响

Senju, A., Tojo, Y., Dairoku, H., & Hasegawa, T. (2004). Reflexive orienting in response to eye gaze and an arrow in children with and without autism. *Journal of Child Psychology and Psychiatry, and Allied Disciplines*, 45(3), 445-458.

Frischen, A., Bayliss, A. P., & Tipper, S. P. (2007). Gaze cueing of attention: Visual attention, social cognition, and individual differences. *Psychological Bulletin*, 133(4), 694-724.

面部线索中情绪对面部的影响

Terburg, D., Aarts, H., Putman, P., & Van Honk, J. (2012). In the eye of the beholder: Reduced threat-bias and increased gaze-imitation towards reward in relation to trait anger. *PLoS One*, 7(2), e31373.

面部线索效应中政治倾向性的影响

Dodd, M. D., Hibbing, J. R., & Smith, K. B. (2011). The politics of attention: Gaze-cueing effects are moderated by political temperament. *Attention, Perception & Psychophysics*, 73(1), 24-29.

由数字引起的注意力转移

Dodd, M. D., Van der Stigchel, S., Leghari, M. A., Fung, G., & Kingstone, A. (2008). Attentional SNARC: There's something special about numbers (let us count the ways). *Cognition*, 108(3), 810-818.

由箭头引起的注意力转移

Hommel, B., Pratt, J., Colzato, L., & Godijn, R. (2001). Symbolic control of visual attention. *Psychological Science*, 12(5), 360-365.

由习得线索引起的注意力转移

Dodd, M. D., & Wilson, D. (2009). Training attention: Interactions between central cues and reflexive attention. *Visual Cognition*, 17(5), 736-754.

第五章
眼球运动下的视觉稳定性

Cavanagh, P., Hunt, A. R., Afraz, A., & Rolfs, M. (2010). Visual stability based on remapping of attention pointers. *Trends in Cognitive Sciences*, 14(4), 147-153.

Burr, D., & Morrone, M. C. (2011). Spatiotopic coding and remapping in humans. *Philosophical Transactions of the Royal Society of London. Series B, Biological Sciences*, 366, 504-515.

眼球运动时负责更新相关物体的大脑区域

Duhamel, J.-R., Colby, C. L., & Goldberg, M. E. (1992). The updating of the representation of visual space in parietal cortex by intended eye movements. *Science*, 255, 90-92.

Walker, M. F., Fitzgibbon, E. J., & Goldberg, M. E. (1995). Neurons in the monkey superior colliculus predict the visual result of impending saccadic eye movements. *Journal of*

Neurophysiology, 73(5), 1988-2003.

反向眼跳任务

Everling, S., & Fischer, B. (1998). The antisaccade: A review of basic research and clinical studies. *Neuropsychologia*, 36(9), 885-899.

前区损伤对反向眼跳任务的影响

Pierrot-Deseilligny, C., Muri, R. M., Ploner, C. J., Gaymard, B. M., Demeret, S., & Rivaud-Pechoux, S. (2003). Decisional role of the dorsolateral prefrontal cortex in ocular motor behaviour. *Brain*, 126(6), 1460-1473.

反向眼跳任务与注意缺陷多动障碍

Munoz, D. P., Armstrong, I. T., Hampton, K. A., & Moore, K. D. (2003). Altered control of visual fixation and saccadic eye movements in attention-deficit hyperactivity disorder. *Journal of Neurophysiology*, 90, 503-514.

Rommelse, N. N. J., Van der Stigchel, S., & Sergeant, J. A. (2008). A review on eye movement studies in childhood and adolescent psychiatry. *Brain and Cognition*, 68(3), 391-414.

训练对反向眼跳任务的影响

Dyckman, K. A., & McDowell, J. E. (2005). Behavioral plasticity of antisaccade performance following daily practice. *Experimental Brain Research*, 162(1), 63-69.

专业运动员在反向眼跳任务中的表现

Lenoir, M., Crevits, L., Goethals, M., Wildenbeest, J., & Musch, E. (2000). Are better eye movements an advantage in ball games? A study of prosaccadic and antisaccadic eye movements. *Perceptual and Motor Skills*, 91, 546-552.

积极心态对反向眼跳任务的影响

Van der Stigchel, S., Imants, P., & Ridderinkhof, K. R. (2011). Positive affect increases cognitive control in the antisaccade task. *Brain and Cognition*, 75(2), 177-181.

反向眼跳任务与精神分裂症

Sereno, A. B., & Holzman, P. S. (1995). Antisaccades and smooth pursuit eye movements in schizophrenia. *Biological Psychiatry*, 37, 394-401.

注意力与眼球运动的关系

Rizzolatti, G., Riggio, L., Dascola, I., & Umilta, C. (1987). Reorienting attention across the horizontal and vertical meridians: Evidence in favor of a premotor theory of attention. *Neuropsychologia*, 25, 31-40.

Van der Stigchel, S., & Theeuwes, J. (2007). The relationship between covert and overt attention in endogenous cueing. *Perception & Psychophysics*, 69(5), 719-731.

广告视盲

Benway, J. P. (1998). Banner blindness: The irony of attention grabbing on the World Wide Web. *Proceedings of the Human Factors and Ergonomics Society Annual Meeting*, 42(5), 463-467.

研究专家眼动情况的作用

Lichfield, D., Ball, L. J., Donovan, T., Manning, D. J., & Crawford, T. (2010). Viewing another person's eye movements improves identification of pulmonary nodules in chest x-ray inspection. *Journal of Experimental Psychology. Applied*, 16, 251-262.

Mackenzie, A., & Harris, J. (2015). Using experts' eye movements to influence scanning behaviour in novice drivers.

Journal of Vision, 15, 367.

细微凝视操控

Sridharan, S., Bailey, R., McNamara, A., & Grimm, C. (2012). Subtle gaze manipulation for improved mammography training. In *Proceedings of the ACM SIGGRAPH Symposium on Applied Perception in Graphics and Visualization*, 75-82.

基于眼动的临床小组分类

Tseng, P.-H., Cameron, I. G. M., Pari, G., Reynolds, J. N., Munoz, D. P., & Itti, L. (2012). High-throughput classification of clinical populations from natural viewing eye movements. *Journal of Neurology*, 260, 275-284.

第六章
看不见硬路肩上的警车

Langham, M., Hole, G., Edwards, J., & O'Neill, C. (2002). An analysis of "looked but failed to see" accidents involving parked police vehicles. *Ergonomics*, 45, 167-185.

看不见路上的骑行者

Theeuwes, J., & Hagenzieker, M. P. (1993). Visual

search of traffic scenes: On the effect of location expectations. In A. Gale (Ed.), *Vision in vehicle IV*, 149-158. Amsterdam: Elsevier.

视觉搜寻中的"背景线索"

Chun, M. M. (2000). Contextual cueing of visual attention. *Trends in Cognitive Sciences*, 4(5), 170-178.

眼球运动与"背景线索"

Peterson, M. S., & Kramer, A. F. (2001). Attentional guidance of the eyes by contextual information and abrupt onsets. *Perception & Psychophysics*, 63(7), 1239-1249.

"背景线索"之能量

Jiang, Y., Song, J.-H., & Rigas, A. (2005). High-capacity spatial contextual memory. *Psychonomic Bulletin & Review*, 12(3), 524-529.

长期记忆对注意力的影响

Summerfield, J. J., Lepsien, J., Gitelman, D. R., Mesulam, M. M., & Nobre, A. C. (2006). Orienting attention based on long-term memory experience. *Neuron*, 49, 905-916.

帕金森病和科萨科夫综合征患者的"背景线索"

Van Asselen, M., Almeida, I., Andre, R., Januario, C., Freire Goncalves, A., & Castelo-Branco, M. (2009). The role of the basal ganglia in implicit contextual learning: A study of Parkinson's disease. *Neuropsychologia*, 47, 1269-1273.

Oudman, E., Van der Stigchel, S., Wester, A. J., Kessels, R. P. C., & Postma, A. (2011). Intact memory for implicit contextual information in Korsakoff's amnesia. *Neuropsychologia*, 49, 2848-2855.

科萨科夫综合征患者如何学习操作洗衣机

Oudman, E., Nijboer, T. C. W., Postma, A., Wijnia, J., Kerklaan, S., Lindsen, K., et al. (2013). Acquisition of an instrumental activity of daily living in patients with Korsakoff's syndrome: A comparison of trial and error and errorless learning. *Neuropsychological Rehabilitation*, 23(6), 888-913.

"无意识记忆"之能量和强度

Lewicki, P., Hill, T., & Bizot, E. (1988). Acquisition of procedural knowledge about a pattern of stimuli that cannot be articulated. *Cognitive Psychology*, 20, 24-37.

Reber, A. S. (1989). Implicit learning and tacit knowledge. *Journal of Experimental Psychology. General*, 118, 219-235.

联想对视觉搜寻的影响

Olivers, C. N. L. (2011). Long-term visual associations affect attentional guidance. *Acta Psychologica*, 137, 243-247.

"启动效应"对反应时间的影响

Kristjánsson, Á., & Campana, G. (2010). Where perception meets memory: A review of repetition priming in visual search tasks. *Attention, Perception & Psychophysics*, 72, 5-18.

Meeter, M., & Van der Stigchel, S. (2013). Visual priming through a boost of the target signal: Evidence from saccadic landing positions. *Attention, Perception & Psychophysics*, 75, 1336-1341.

"负启动效应"

Mayr, S., & Buchner, A. (2007). Negative priming as a memory phenomenon—A review of 20 years of negative priming research. *Zeitschrift für Psychologie/Journal of Psychology*, 215, 35-51.

奖励对视觉注意的自发影响

Anderson, B. A., Laurent, P. A., & Yantis, S. (2011). Value-driven attentional capture. *Proceedings of the National Academy of Sciences of the United States of America*, 108(25), 10367-10371.

关于对新信息进行奖励的思考——源自克里斯·奥利韦斯教授的演讲

Olivers, C. (2014). *iJunkie: Attractions and distractions in human information processing*. VU University, Amsterdam.

新信息对我们奖励系统的影响

Biederman, I., & Vessel, E. A. (2006). Perceptual pleasure and the brain. *American Scientist*, 94, 249-255.

魔术师的科学

Macknik, S. L., King, M., Randi, J., Robbins, A., Teller, Thompson, J., & Martinez-Conde, S. (2008). Attention and awareness in stage magic: Turning tricks into research. *Nature Reviews Neuroscience*, 9, 871-879.

Kuhn, G., & Land, M. F. (2006). There's more to magic than meets the eye. *Current Biology*, 16(22), R950-R951.

感知学习

Gibson, E. J. (1988a). Exploratory behavior in the development of perceiving, acting, and the acquiring of knowledge. *Annual Review of Psychology*, 39, 1-41.

Fahle, M. (2005). Perceptual learning: Specificity versus generalization. *Current Opinion in Neurobiology*, 15(2), 154-160.

感知学习对棒球运动员的影响

Deveau, J., Ozer, D. J., & Seitz, A. R. (2014). Improved vision and on-field performance in baseball through perceptual learning. *Current Biology*, 24(4), R146-R147.

塞巴斯蒂安·马托(Sebastiaan Mathôt)在其博客中讨论了该研究。博客地址：http://www.cogsci.nl/blog/miscellaneous/226-can-you-brain-train-your-way-to-perfect-eyesight/。关于频闪眼镜的文章刊于2015年8月29日的荷兰《人民报》(*de Volkskrant*)上。

医学界中的感知学习

Guerlain, S., Brook Green, K., LaFollette, M., Mersch, T. C., Mitchell, B. A., Reed Poole, G., et al. (2004). Improving surgical pattern recognition through repetitive viewing of video clips. *IEEE Transactions on Systems, Man, and Cybernetics*, 34(6), 699-707.

第七章
关于"视觉忽略"的更多优质资讯

Driver, J., & Mattingley, J. B. (1998). Parietal neglect and visual awareness. *Nature Neuroscience*, 1(1), 17-22.

视觉忽略症患者如何画钟

Di Pellegrino, G. (1995). Clock-drawing in a case of left visuospatial neglect: A deficit of disengagement. *Neuropsychologia*, 33(3), 353-358.

视觉忽略症患者的眼动情况

Behrmann, M., Watt, S., Black, S. E., & Barton, J. J. S. (1997). Impaired visual search in patients with unilateral neglect: An oculographic analysis. *Neuropsychologia*, 35(11), 1445-1458.

Van der Stigchel, S., & Nijboer, T. C. W. (2010). The imbalance of oculomotor capture in unilateral visual neglect. *Consciousness and Cognition*, 19(1), 186-197.

远近空间中的忽略

Van der Stoep, N., Visser-Meily, A., Kappelle, L. J., De Kort, P. L. M., Huisman, K. D., Eijsackers, A. L. H., et al. (2013). Exploring near and far regions of space: Distance-specific visuospatial neglect after stroke. *Journal of Clinical and Experimental Neuropsychology*, 35 (8), 799-811.

想象中的图像中的忽略

Cuariglia, C., Padavani, A., Pantano, P., & Pizzamiglio, L. (1993). Unilateral neglect restricted to visual imagery. *Nature*, 364, 235-237.

Nys, G. M., Nijboer, T. C. W., & De Haan, E. H. (2008). Incomplete ipsilesional hallucinations in a patient with neglect. *Cortex*, 44, 350-352.

长期视觉忽略症患者的细微忽视

Bonato, M., & Deouell, L. Y. (2013). Hemispatial neglect: Computer-based testing allows more sensitive quantification of attentional disorders and recovery and might lead to better evaluation of rehabilitation. *Frontiers in Human Neuroscience*, 7, 162.

视觉忽略与皮质盲的区别

Walker, R., Findlay, J. M., Young, A. W., & Welch, J. (1991). Disentangling neglect and hemianopia. *Neuropsychologia*, 29(10), 1019-1027.

眼部训练对皮质盲患者的影响

Bergsma, D. P., & Van der Wildt, G. J. (2010). Visual training of cerebral blindness patients gradually enlarges the visual field. *British Journal of Ophthalmology*, 94, 88-96.

Sabel, B. A., & Kasten, E. (2000). Restoration of vision by training of residual functions. *Current Opinion in Ophthalmology*, 11, 430-436.

棱镜适应对视觉忽略症患者的影响

Nijboer, T. C. W., Nys, G. M. S., Van der Smagt, M., Van der Stigchel, S., & Dijkerman, H. C. (2011). Repetitive long-term prism adaptation permanently improves the detection of contralesional visual stimuli in a patient with chronic neglect. *Cortex*, 47(6), 734-740.

Nijboer, T. C. W., Olthoff, L., Van der Stigchel, S., & Visser-Meily, A. (2014). Prism adaptation improves postural imbalance in neglect patients. *Neuroreport*, 25(5), 307-311.

盲视信息对皮质盲患者的影响

Van der Stigchel, S., Van Zoest, W., Theeuwes, J., & Barton, J. J. S. (2008). The influence of "blind" distractors on eye movement trajectories in visual hemifield defects. *Journal of Cognitive Neuroscience*, 20(11), 2025-2036.

Ten Brink, T., Nijboer, T. C. W., Bergsma, D. P., Barton, J. J. S., & Van der Stigchel, S. (2015). Lack of multisensory integration in hemianopia: No influence of visual stimuli on aurally guided saccades to the blind hemifield. *PLoS One*, 10(4), e0122054.

盲视的不同种类

Weiskrantz, L. (1986). *Blindsight: A case study and implications*. Oxford: Oxford University Press.

注意瞬脱

Raymond, J. E., Shapiro, K. L., & Arnell, K. M. (1992). Temporary suppression of visual processing in an RSVP task: An attentional blink? *Journal of Experimental Psychology: Human Perception and Performance*, 18, 849-860.

Olivers, C. N. L., Van der Stigchel, S., & Hulleman, J. (2007). Spreading the sparing: Against a limited-capacity account of the attentional blink. *Psychological Research*, 71(2), 126-139.

情绪词对注意瞬脱的影响

Anderson, A. K., & Phelps, E. A. (2001). Lesions of the human amygdala impair enhanced perception of emotionally salient events. *Nature*, 411, 305-309.

冥想对注意瞬脱的影响

Slagter, H. A., Lutz, A., Greischar, L. L., Francis, A. D., Nieuwenhuis, S., Davis, J. M., et al. (2007). Mental training affects distribution of limited brain resources. *PLoS Biology*, 5(6), e138.

无关想法和音乐对注意瞬脱的影响

Olivers, C. N. L., & Nieuwenhuis, S. (2005). The beneficial effect of concurrent task-irrelevant mental activity on temporal attention. *Psychological Science*, 16(4), 265-269.

注意瞬脱的个体差异

Martens, S., Munneke, J., Smid, H., & Johnson, A. (2006). Quick minds don't blink: Electrophysiological correlates of individual differences in attentional selection.

Journal of Cognitive Neuroscience, 18(9), 1423-1438.

MacLean, M. H., & Arnell, K. M. (2010). Personality predicts temporal attention costs in the attentional blink paradigm. *Psychonomic Bulletin & Review*, 17(4), 556-562.

无意识信息对我们选择苏打水的影响

Karremans, J. C., Stroebe, W., & Claus, J. (2006). Beyond Vicary's fantasies: The impact of subliminal priming and brand choice. *Journal of Experimental Social Psychology*, 42(6), 792-798.

性取向在抑制图像中的作用

Jiang, Y., Costello, P., Fang, F., Huang, M., & He, S. (2006). A gender- and sexual orientation-dependent spatial attentional effect of invisible images. *Proceedings of the National Academy of Sciences of the United States of America*, 103, 17048-17052.

工作记忆与视觉意识的相互作用

Gayet, S., Paffen, C. L. E., & Van der Stigchel, S. (2013). Information matching the content of visual working memory is prioritized for conscious access. *Psychological Science*, 24(12), 2472-2480.

Gayet, S., Van der Stigchel, S., & Paffen, C. L. E. (2014). Breaking continuous flash suppression: Competing for consciousness on the pre-semantic battlefield. *Frontiers in Psychology*, 5(460), 1-10.

起火房屋图像对视觉忽略症患者的影响

Marshall, J. C., & Halligan, P. W. (1988). Blindsight and insight in visuo-spatial neglect. *Nature*, 336(2), 766-767.

受忽略视野中的信息处理

McGlinchey-Berroth, R., Milberg, W. P., Verfaellie, M., Alexander, M., & Kilduff, P. (1993). Semantic priming in the neglected field: Evidence from a lexical decision task. *Cognitive Neuropsychology*, 10, 79-108.